1. Juillet 1899
Attaque 10 Kilo
p = 2
a = 45
p = 74
a = 35
p = 45
a = 30
p = 115
a = 90
p = 190
a = 38

liqueur
acidifiée, précip noir
précipité
p = 0.8
a = 0
solution
précip Am
oxydes
p = 3
a = 0.25
solution évaporée
p = 13
a = 0.1
1350
+ 176
1526
transformé en carbonate p = 2.3
a = 1.3
carbonate de soude
qui dépose beaucoup de carbonate de soude
et une gelée
liqueur
sulfures
p = 66
a = 0.5
liqueur
jetée
oxydes

# SOMMAIRE

# MARIE CURIE
## FEMME SAVANTE
## OU SAINTE VIERGE DE LA SCIENCE ?

Françoise Balibar

DÉCOUVERTES GALLIMARD
SCIENCES ET TECHNIQUES

À la fin du XIX$^e$ siècle, l'Europe de l'Ouest voit arriver un flux de jeunes filles en provenance de l'Est. Issues de milieux bourgeois, originaires de pays alors sous la domination des Empires austro-hongrois ou russe, elles veulent avoir un métier. Rien n'étant prévu chez elles, elles s'exilent, en Allemagne, en France, en Angleterre, où l'accès à l'Université n'est pas interdit aux filles – du moins en principe, puisqu'en réalité elles y sont peu nombreuses.

**CHAPITRE 1**

# COMMENT L'ESPRIT VIENT AUX FILLES

Comme Mileva Marič (l'épouse d'Einstein) ou Rosa Luxemburg, Marie Curie (page de gauche, à l'âge de 21 ans) est l'exemple type de ces jeunes filles intellectuelles de l'Est qui rêvent d'étudier à l'étranger. Quand elle arrive à Paris, Marie a 24 ans. Elle pense alors ne rester que quelques années et retourner enseigner dans son pays natal, la Pologne…

En 1863 éclate à Varsovie (ci-contre, la maison natale de Marie Curie, rue Freta) l'insurrection dite de Janvier qui, après dix-huit mois de guérilla, se solde par la capitulation des insurgés. Contrairement à son frère qui prit part au mouvement, fut blessé et dut s'exiler, le père de Marya, Wladislaw Sklodowski (ci-dessous), professeur de lycée, décida de rester à son poste, « en exil de l'intérieur ». Il voulait ainsi maintenir la flamme du nationalisme et former les cadres de la future nation en offrant à tous les enfants un enseignement de qualité, scientifique, et en polonais. La répression qui suivit la fin de l'insurrection s'accompagna d'une russification forcée : interdiction d'enseigner en polonais, renvoi d'un grand nombre de professeurs, remplacés par des Russes, souvent incompétents. Wladislaw garda son poste jusqu'en 1873.

Quand Marya Sklodowska, future Marie Curie, naît, le 7 novembre 1867, Varsovie se trouve sous la domination russe. La ville, dont le nom polonais de Warszawa a été russifié en Varshav, n'est plus la capitale de la Pologne, pour la simple raison que la Pologne n'existe plus. En 1797, l'Autriche, la Prusse et la Russie s'étaient en effet entendues pour la démembrer et s'attribuer chacune une part du gâteau. Ainsi, pendant plus d'un siècle, de 1797 à 1919, à l'époque où se sont construites les grandes nations européennes, la Pologne, elle, n'est qu'une idée, le souvenir d'un passé révolu adulé par les Polonais, l'espoir insensé d'un futur improbable.

## La noblesse polonaise, incarnation de la nation

Le père et la mère de Marya Sklodowska étaient tous deux issus de la *szlachta*, petite noblesse, pauvre et pléthorique, propre à la Pologne, qui longtemps incarna seule l'idée de « nation » polonaise, le mot même de Pologne désignant simplement pour le reste de la population la classe des maîtres. Pour la *szlachta*, le démembrement de la Pologne, au début du XIX$^{e}$ siècle, fut une véritable chance historique. En effet, la majorité de ses membres, dont les titres de noblesse n'avaient plus cours, durent se mettre au travail. Obligés de se mêler aux autres composantes de la population, souvent moins instruites qu'eux, ils s'en

firent les porte-parole et réussirent ce tour de force de rendre les puissances étrangères responsables non seulement de leur propre défaite, mais aussi de tous les malheurs du peuple, comme s'ils ne l'avaient pas eux-mêmes opprimé pendant plusieurs siècles. Par cet habile amalgame, ils transformèrent une « nation de nobles » en « nation polonaise ».

De cette noblesse devenue intelligentsia nationale, les parents et grands-parents de Marie Curie représentaient la quintessence dans la mesure où ils incarnaient avec conviction les valeurs positives de l'idéal polonais – fierté, indépendance, sens (inné) de l'égalité, capacité (naturelle) à résister à toute forme d'oppression… Ainsi, le grand-père paternel de Marya, Joseph Sklodowski, fervent admirateur des Lumières et de l'idéal égalitaire de la Révolution française, avait-il fondé un collège de campagne où, en opposition ouverte à sa hiérarchie, il accueillait les enfants de paysans à côté de ceux de la noblesse. Lorsqu'en novembre 1830 la *szlachta* s'insurgea contre la Russie, il s'engagea dans l'armée des nobles. Après que l'insurrection eut été défaite et réprimée dans le sang, il eut la chance de n'être ni fusillé, ni contraint à l'exil, ni déporté en Sibérie, et de pouvoir reprendre son activité d'enseignant.

Wladislaw, son fils, le père de Marya, appartient à cette génération d'hommes qui, arrivant à l'âge adulte à un moment où l'occupation russe semblait ne devoir jamais cesser, se trouvèrent confrontés à un choix douloureux : perpétuer l'idéal romantique de la génération précédente ou bien adopter une position plus « réaliste », en essayant de vivre malgré l'occupation, sans pour autant renoncer aux idéaux d'égalité sociale.

Le 29 novembre 1830, les Polonais (entraînés par la noblesse) s'étaient déjà soulevés une première fois contre l'occupation russe. Minés par leurs divisions internes, les insurgés en appelèrent aux gouvernements occidentaux qui se gardèrent bien de bouger. Le 8 septembre 1831, le tsar Nicolas I<sup>er</sup> reprit Varsovie. La répression s'abattit sur la Pologne. À Paris, le ministre de la Guerre justifia devant la Chambre des députés son refus d'intervenir par ces mots restés célèbres : « L'ordre règne à Varsovie. » Une attitude que ne manqua pas de rappeler la presse lors des événements de 1863, tel Félicien Rops sur cette lithographie.

## Une tradition de « fortes femmes »

La mère de la future Marie Curie, Bronislawa Boguska, appartenait elle aussi à la *szlachta*. L'une des singularités de cette noblesse était que l'égalité des sexes y allait de soi et y était même effective, puisque les filles héritaient à l'égal des garçons. Cette particularité du régime nobiliaire joua un rôle non négligeable dans la survie de la Pologne au temps du démembrement. Alors que les hommes étaient obligés de composer avec l'occupant, de parler russe, de servir sous les ordres des Russes, les femmes, avec l'assurance que donne le fait d'avoir de l'argent à soi et (plus encore) d'avoir été élevée par une mère possédant elle-même cette assurance, transformèrent la position traditionnelle de mère au foyer en activité contestataire : elles se firent les institutrices de leurs enfants en matière de culture polonaise. Marya Sklodowska, comme ses frère et sœurs, et comme tous les enfants de son milieu et de sa génération, reçut une double éducation : au lycée en russe, à la maison en polonais, souvent à partir de textes recopiés à la main parce qu'ils étaient interdits sous forme imprimée. Marya, la cadette des enfants Sklodowski, est celle qui profita le moins de cet enseignement maternel. Elle fut séparée de sa mère dès l'âge de

Les cinq enfants Sklodowski (ci-dessous) avaient tous de grandes facilités intellectuelles. De gauche à droite : Sophia (ou Zozia), l'aînée, morte à 14 ans ; Helena (ou Hela), qui devint professeur ; Marya, la cadette ; Josef, qui étudia la médecine, comme Bronislawa (ou Bronya), dont Marie resta très proche toute sa vie.

5 ans, lorsque celle-ci, atteinte de tuberculose, fut envoyée à l'étranger pour se soigner, sans succès – le bacille de Koch ne devant être découvert qu'en 1882. À son retour en Pologne, deux ans plus tard, Bronislawa reprit le cours de l'éducation polonaise de ses enfants, qui devaient être maintenus physiquement éloignés d'elle pour éviter la contagion. Puis survint le malheur qui devait l'achever : une épidémie de typhus emporta en quelques jours sa fille aînée, Zozia, alors âgée de 14 ans, qui l'avait accompagnée et soignée durant ses longues cures à l'étranger. Elle vécut encore deux ans et mourut en mai 1878.

### Orpheline à 10 ans

Il n'est pas difficile d'imaginer la catastrophe que fut pour les enfants Sklodowski, et singulièrement pour la cadette, la mort de leur mère, dont ils avaient été séparés pendant cinq ans. Chacun sait à quel point les relations entre une mère et une fille sont complexes. On ne peut s'attendre à ce que le destin d'une femme qui n'a connu sa mère de façon rapprochée que dans la petite enfance, et a dû se construire en tant qu'adulte dès l'âge de 10 ans sur le souvenir d'une mère malade, nécessairement idéalisée par la mort, soit autre chose que singulier – même si toutes les orphelines ne

Bronislawa Boguska (page de gauche, en haut) avait été élevée dans la meilleure école pour filles de Varsovie, où l'on enseignait en polonais jusqu'à l'insurrection de 1863. Elle s'était vu confier, à moins de 20 ans, la direction de cette même école, poste qu'elle occupa jusqu'en 1868 (ci-dessus, Bronislawa, son mari et ses jeunes pensionnaires posant au milieu du salon de l'appartement de la rue Freta). Un an après la naissance de Marya, son cinquième enfant, Bronislawa quitta la direction de l'école et la famille déménagea près de l'école de garçons, où Wladislaw avait obtenu un poste pour enseigner les mathématiques et la physique.

deviennent pas des Marie Curie. Que cette mère, par ailleurs, ait été l'héritière d'une tradition où les femmes sont capables de se débrouiller toutes seules, sans homme, et dont la détermination est sans faille, ne peut qu'avoir contribué à ancrer dans la tête de sa fille un idéal de femme « forte », libre, volontaire et obstinée. Marie Curie, qu'on ne peut soupçonner d'exagération, écrit d'ailleurs dans ses notes autobiographiques, parlant de sa mère : « son influence sur moi fut extraordinaire ».

Comme un malheur n'arrive jamais seul, la situation financière de la famille Sklodowski était devenue périlleuse. Wladislaw avait perdu son emploi en 1873 ; sans ressources, obligé de dépenser une fortune en consultations médicales pour sa femme, s'étant laissé embarquer dans des investissements hasardeux par le frère de celle-ci, Wladislaw Sklodowski se vit contraint, pour survivre, d'ouvrir dans l'appartement familial un pensionnat pour des élèves à qui il assurait, moyennant finances, le vivre, le couvert et une surveillance compétente de leurs études. La vie devint alors un enfer dans un appartement surpeuplé, en ébullition permanente, où il était impossible de s'isoler.

Débordé par les événements, il décida, après la mort de sa femme, de faire entrer Marya au lycée, plutôt que de l'envoyer à la campagne comme le lui conseillait son entourage, effrayé par l'état dépressif dans lequel se trouvait la petite fille. Sans doute pensa-t-il que le travail, plus ardu au lycée qu'à l'école, était le meilleur moyen de soigner cette dépression. De fait, le calcul se révéla assez juste ; Marya s'accrocha et transforma le sentiment de révolte qu'elle éprouvait contre le monde entier, y compris Dieu en qui elle cessa de croire, en volonté d'« y arriver ».

**Une année à la campagne**

L'enfance de Marya devait s'achever sur une note un peu plus optimiste. Sortie du lycée, couverte de prix et

Marya passa l'hiver qui suivit sa sortie du lycée chez son oncle Zdzislaw, celui qui avait participé à l'insurrection de 1863. De retour en Pologne, celui-ci enseigna le droit à Skalbmierz, petite ville de Galicie sous occupation austro-hongroise. Occupé à traduire Shakespeare en vers polonais, Zdzislaw n'avait guère le temps d'administrer son domaine, que son épouse, une autre de ces « fortes femmes » qui formèrent l'entourage féminin de Marya, gérait à sa place. Laissant à des gouvernantes le soin d'élever ses enfants, elle parcourait la campagne à cheval, fumait des cigares et participait à des discussions politiques « entre hommes ».

de médailles, à l'âge de 16 ans, elle fut, enfin, envoyée à la campagne pendant toute une année. La dépression qui couvait en elle avait en effet fini par prendre des formes alarmantes à peine les portes du lycée refermées. La famille parla de « troubles nerveux » ; Marie Curie attribuerait plus tard cet effondrement à la croissance, mais également aux contraintes familiales d'un foyer dont toute gaieté, toute fantaisie avaient disparu depuis plusieurs années. Parfaitement conscient de cet état de choses et, de plus, adepte des médications « saines », Wladislaw Sklodowski décida que sa fille avait besoin d'un an de vie au grand air, de nourriture saine et de liberté. Il l'envoya donc chez son oncle à la campagne. « Je ne puis croire à l'existence de la géométrie et de l'algèbre, écrit-elle

Marya (ci-dessous), l'année de ses 16 ans, qu'elle passa en partie chez son oncle. C'est là qu'elle apprit à danser la mazurka, danse nationale rendue célèbre par Chopin, interdite en zone russe. Outre les lettres qu'elle écrivait à son amie Kazia, Marya tenait un journal intime dans lequel elle dessina Lancet, le chien chéri de ses frère et sœurs (à gauche).

à son amie Kazia. Je les ai complètement oubliées... Nous allons en bande nous promener dans les bois, nous jouons au cerceau, au volant (j'y suis très mauvaise), au chat et à la souris. » Elle découvre aussi des plaisirs moins enfantins : « J'ai goûté une fois de plus aux délices du carnaval samedi dernier [...] et j'imagine que jamais je ne m'amuserai autant [...]. J'ai tellement dansé que, pendant les valses, j'avais plusieurs tours retenus d'avance.

Si j'avais le malheur de sortir un instant pour reprendre haleine, mes cavaliers se postaient dans l'embrasure de la porte afin de me guetter et de m'attendre ». Ève Curie, sa fille, qui choisira une tout autre orientation que sa mère puisqu'elle deviendra musicienne et danseuse, notera dans la biographie qu'elle lui consacrera : « Bien des années plus tard, je regardais son visage las, usé [...] et je remerciais le sort qui, avant de dicter à cette femme sa vocation austère, inexorable, lui avait accordé [...] d'user des escarpins de cuir mordoré en une nuit. »

## Un avenir incertain

Dès son retour à Varsovie, à la fin de l'été 1883, Marya se trouva confrontée, comme ses sœurs Bronya et Helena, au problème de son avenir. L'idée qu'elles pourraient se marier tout de suite, idée naturelle pour des jeunes filles de leur classe sociale, ne les effleurait même pas. Aucune d'entre elles n'avait le profil d'une fille à marier. Non pas qu'elles fussent laides, ou pis, disgracieuses et réfractaires à la coquetterie, mais simplement parce qu'elles voulaient exercer un métier afin d'être autonomes financièrement, y compris, et surtout, une fois mariées.

À cet égard, elles étaient bien les filles de leur mère et auraient pu emprunter la même voie : l'enseignement dans une école ou un collège de filles. C'est ce que choisit Helena. L'aînée et la cadette avaient d'autres ambitions : elles voulaient faire des études supérieures. D'autant plus, peut-on penser, que cette voie leur était fermée : les universités polonaises n'acceptaient que des garçons. Restait une possibilité : partir étudier à l'étranger. Saint-Pétersbourg était la destination « naturelle », mais elles lui préféraient Paris, traditionnelle terre d'exil pour beaucoup de Polonais. La situation financière de leur père ne permettait pourtant pas de nourrir un tel espoir... Sauf à gagner d'avance de quoi payer ces études à l'étranger. Travailler tout de suite, gagner de l'argent, en accumuler suffisamment pour pouvoir partir, tel était l'avenir qu'envisageaient les jeunes Polonaises ambitieuses. Peu nombreuses furent celles qui y accédèrent.

« Grâce à leur père, les enfants Sklodowski ont toujours évolué dans une ambiance intellectuelle d'une rare qualité », note Ève Curie, qui ajoute : « Chaque samedi, M. Sklodowski, son fils et ses trois filles passent ensemble la soirée qu'il consacre à la littérature. Ils bavardent autour du samovar fumant. Le vieil homme récite des poésies ou bien il fait la lecture. Ses enfants l'écoutent avec un ravissement sincère. Ce professeur au front dégarni, au visage épais et placide qu'allonge une petite barbe grise a un remarquable talent de parole. De samedi en samedi les chefs-d'œuvre du passé viennent ainsi vers Marya. » Wladislaw poursuit de la sorte l'entreprise d'éducation polonaise « à la maison » entamée par sa femme et interrompue par la mort de cette dernière. Un lien étroit unit Marya à l'homme qui fait tant d'efforts pour rendre sa vie intéressante et attrayante. À la même époque, elle dévore aussi toute une série d'ouvrages décrivant les mutations de la société. Elle pleure à la lecture du roman d'Orzeszkowa, *Sur les bords du Niémen*. À droite, Wladislaw Sklodowski et ses trois filles, de gauche à droite : Helena, Bronya et Marya, en 1890.

Lorsque Marya regagna Varsovie, elle se joignit donc à Bronya, qui donnait depuis trois ans des cours dans la perspective de se constituer un pécule. Comme elle n'était pas encore fixée sur le type de métier qu'elle souhaitait exercer, elle consacra l'année qui suivit son retour à compléter sa culture générale. Elle lut beaucoup, en russe, en allemand, en français, et bien sûr en polonais, et des ouvrages de toute sorte : poésie, romans, philosophie, sociologie, à laquelle, en tant qu'adepte du mouvement positiviste, elle portait un intérêt particulier.

Comme beaucoup de leurs semblables, Marya et Bronya adhèrent à l'idéal positiviste version polonaise. À l'image du patriote polonais sous les traits d'un jeune homme dressé sur une barricade s'est substituée, à la fin du siècle, celle d'une frêle jeune fille, cachant sous son châle un épais livre de science. Persuadée que l'instruction du peuple est l'une des conditions de la libération de la Pologne, Marya s'inscrit à l'Université volante, organisation clandestine patriotique ouverte à tous, diplômés ou non. Pour des raisons de sécurité, les cours changeaient sans cesse de lieu (ci-dessus).

COURS DE
PHILOSOPHIE POSITIVE

PAR M. AUGUSTE COMTE

### Le positivisme à la polonaise

Le positivisme était alors le courant de pensée dominant au sein de l'intelligentsia polonaise ; un positivisme à la polonaise, plus proche de Stuart Mill que d'Auguste Comte, son fondateur, plus utilitaire et plus pragmatique que la version originale. La science, en tant qu'activité de connaissance et source d'applications, jouait un rôle important dans ce courant de pensée ; mais, dans le contexte polonais, « la science » apparaissait aussi à ces hommes et ces femmes, que les échecs des insurrections successives avaient à jamais dégoûtés de l'héroïsme romantique, comme un facteur d'espoir, une justification de leur désir de « tourner la page » : « Fonder notre vision du passé sur la chute de la Pologne est une grossière erreur, écrit l'un des porte-parole du mouvement. Aucun raisonnement scientifique n'oblige à considérer la disparition de l'État comme l'événement central de notre histoire. » Au contraire, disaient ces positivistes qui aimaient être appelés « Optimistes », il faut se mettre au travail et bâtir pour nous et pour le genre humain un monde meilleur : « Il faut être fou, écrit Swietochowski, un des leaders du courant positiviste, pour rester au fond d'une masure à se lamenter et rêver de châteaux en Espagne. La société tout entière doit cesser de gémir à la moindre difficulté, il faut travailler partout où c'est possible. » « Travailler, travailler et travailler », tel était le mot d'ordre.

John Stuart Mill (1806-1873), le philosophe et économiste anglais (caricaturé, ci-dessous, l'année de sa mort dans un numéro de *Vanity Fair*), proposait une version utilitariste du positivisme. Sa morale était fondée sur la substitution de l'intérêt général à l'intérêt particulier. On comprend ce qu'une telle conception a pu avoir de séduisant pour la jeunesse polonaise avide de changer le monde. Il fut également un ardent défenseur des droits des femmes.

**L'Université volante**

Les thèses des « Optimistes » rencontrèrent un immense succès auprès des jeunes filles, souvent aussi instruites que leurs frères, pour qui la science apparaissait comme un moyen naturel à la fois d'entrer dans le monde de l'activité professionnelle et de se rendre utiles. Ce n'est pas un hasard si beaucoup d'entre elles voulaient, comme Bronya Sklodowska, faire des études de médecine.

L'Université volante, association illégale qui pendant plus de vingt ans dispensa des cours en appartement, décernant des diplômes à près de cinq mille étudiants – dont Marie Curie et sa sœur –, est à cet égard exemplaire. Cette institution créée et dirigée par une femme de tête, prolongeait en quelque sorte l'enseignement clandestin reçu à la maison. Elle recrutait son personnel enseignant parmi les professeurs d'université limogés pour menées subversives ; son public était en grande partie féminin, et incluait des « femmes du peuple », auxquelles les autres étudiantes, plus instruites, enseignaient les rudiments.

## La condition d'institutrice placée

Très vite, Bronya et Marya s'aperçurent qu'elles ne pourraient jamais partir toutes les deux pour Paris. Marya prit une décision que Bronya accepta : comme elle n'avait pas encore choisi le domaine dans lequel elle désirait travailler, elle se placerait dans une famille comme institutrice privée pendant que Bronya irait à Paris où, une fois devenue médecin, elle pourrait faire venir Marya et l'aider à son tour à financer ses études.

C'est ainsi que Marya se retrouva institutrice chez un agronome gérant une exploitation de betteraves et une sucrerie pour le compte d'un prince absent. Comme pour toute une partie des jeunes Polonais de sa génération, « aller

Szczucki, où se trouvait l'usine gérée par l'agronome qui employait Marya, est situé à une centaine de kilomètres au nord de Varsovie. À perte de vue s'étendaient des champs de betterave, sans rien pour arrêter le regard, sinon quelques masures habitées par des paysans (ci-dessous, lettre de Marya à sa sœur Bronya).

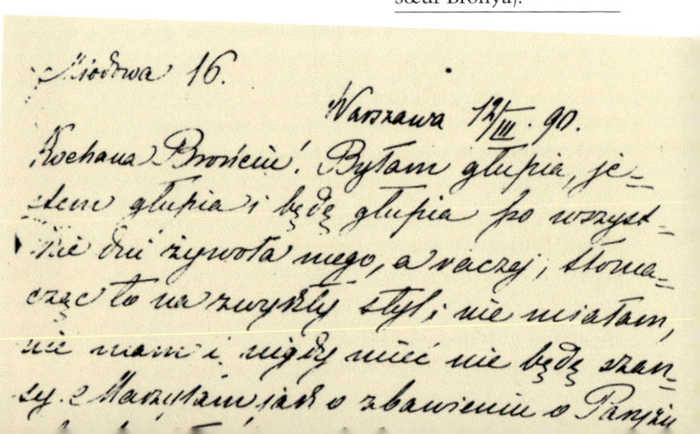
Miodowa 16.
Warszawa 12/III 90.
Kochana Broniciu! Byłam głupia, je-
stem głupia i będę głupia po wszyst-
kie dni żywota mego, a raczej, tłuma-
cząc to na zwykły styl; nie miałam,
nie mam i nigdy mieć nie będę szczę-
ścia. Z Marzuttami jakoś o zbawieniu o Panu

au peuple » était pour Marya Sklodowska une préoccupation majeure. Elle obtint de l'agronome, assez « libéral », l'autorisation de donner des leçons, en dehors de ses heures de service, aux enfants du voisinage. Cette activité – risquée à la fois pour elle et pour son employeur, passible du bagne pour complicité – fut pour Marya, une expérience assez amère : « J'étais résolue, écrit-elle à Bronya, à travailler pour le peuple, avec le peuple, et je n'ai même pas réussi à apprendre à lire à une douzaine d'enfants du village. Quant à leur faire prendre conscience de qui ils sont, de leur rôle dans la société, il n'en a jamais été question. »

Au début, Marya ne fut pas trop mécontente de son sort : ses « patrons » prenaient garde de ne pas la traiter en domestique et elle de son côté fit des efforts pour se conformer à ce que l'on attendait d'elle : « J'observe dans mes propos la retenue que m'impose ma condition », écrit-elle à sa cousine. Mais très rapidement les choses se gâtèrent, précisément parce que Marya n'observa pas la retenue qui convenait à sa condition. Elle eut le mauvais goût de tomber amoureuse du fils de la famille, étudiant en mathématiques à Varsovie, futur professeur, revenu au début de l'été passer les vacances chez ses parents. Pis : elle s'en fit aimer et tous deux envisagèrent de se marier. Le libéralisme de l'agronome trouva là ses limites : il opposa un veto catégorique. Le jeune homme hésita et Marya, amoureuse, humiliée, ulcérée, resta seule à la fin de l'été : « Quand je me sens absolument inapte à lire utilement, écrit-elle à sa cousine, je résous des problèmes d'algèbre et de trigonométrie, qui ne supportent pas de fautes d'inattention et qui me remettent dans le droit chemin… Mes plans d'avenir ? Je n'en ai pas, ou plutôt ils sont si ordinaires et si simples que ce n'est pas la peine d'en parler. Me débrouiller tant que je le pourrai et, quand je ne le pourrai plus, dire adieu à ce bas monde : le dommage sera petit, les regrets que je laisserai seront courts – aussi courts que pour tant d'autres. »

De 1886 à 1889 Marya vécut dans le manoir des Zorawski (page de gauche), chez qui elle travaillait comme gouvernante. Kazimierz Zorawski (ci-dessous), le fils aîné de la famille dont elle tomba amoureuse, ne sut pas désobéir à ses parents hostiles à cette idylle. « S'ils ne veulent pas épouser les jeunes filles pauvres, qu'ils aillent au diable ! Personne ne le leur demande. Mais pourquoi ajouter des offenses ? » écrit-elle à sa sœur Helena qui vient de subir la même humiliation. On dit que, dans les années 1930, on pouvait voir un vieux professeur d'université, assis devant la statue de Marie Curie à Varsovie, perdu dans son rêve…

Après dix-huit mois de ce régime, Marya prit deux décisions qui la sauvèrent. Elle rompit avec ce soupirant suffisamment indécis pour se laisser convaincre par ses parents que l'« on n'épouse pas une gouvernante ». Et elle dénonça en mars 1889 son contrat avec l'agronome… qui d'ailleurs ne demandait que cela.

On aurait tort de ne pas prendre au sérieux les déclarations désespérées de Marya à sa cousine : la future Marie Curie eut vraiment à ce moment l'impression qu'elle ne s'en sortirait jamais. Pourtant, les années qu'elle passa à Szczucki furent décisives : c'est là qu'elle découvrit son intérêt pour les mathématiques.

**La lettre de Paris**

C'est alors qu'arriva de Paris une lettre inattendue : Bronya allait se marier avec un médecin polonais, Kazimierz Dluski, et lui proposait de la loger pendant un an, avant que le couple ne reparte s'installer définitivement en Pologne. « J'avais rêvé de Paris, écrit Marya, comme de la rédemption, mais depuis longtemps l'espoir d'y aller m'avait quittée. Et maintenant que cette possibilité s'offre à moi, je ne sais plus que faire [...]. Mon cœur est si noir, si triste… tant de choses me font mal qu'il m'est difficile de terminer cette lettre en gaieté. » À l'automne de 1891, après quatre ans d'attente, elle prit le train pour Paris.

Il est difficile de savoir quelle impression produisit la capitale sur Marie Curie. Probablement aucune : elle n'était pas venue là pour voir la tour Eiffel (achevée deux ans auparavant) mais pour étudier, et rien ne pouvait la distraire de cet objectif. Bronya habitait un appartement confortable,

En 1892, Marie Curie pose (à droite de l'arbre sur le côté gauche du cliché) avec les autres étudiants polonais de Paris, qui se réunissent régulièrement. Pour des raisons historiques (les royautés polonaise et française étaient liées) et, plus tard, politiques (Paris fut le foyer des révolutions de 1789 et 1848), Paris a longtemps été un lieu d'exil pour les Polonais. La première grande vague date de 1830, au lendemain de l'échec de l'insurrection. Trois mille cinq cents Polonais s'installent alors en France, surtout à Paris. Frédéric Chopin (1810-1849) et Adam Mickiewicz (1798-1855), le poète national, sont parmi les plus célèbres. Au XXe siècle, les Polonais de Paris ne sont pas tous des exilés, même si, comme pour Marie Curie, la situation politique qui règne chez eux n'est pas étrangère à leur départ. Beaucoup sont étudiants et ont l'intention de retourner en Pologne une fois acquise la formation souhaitée. La seconde vague d'émigration, de nature différente, fera suite à la signature d'une convention entre la France et la Pologne indépendante, en 1919 : des centaines de milliers de paysans et d'ouvriers polonais partiront pour travailler dans les régions minières françaises.

près de la gare du Nord, où son mari, aristocrate interdit de séjour à Varsovie pour des raisons politiques, recevait ses patients dans la journée et une partie de la colonie polonaise de Paris dans la soirée. Très vite, Marie (car c'est ainsi qu'elle se prénommerait dorénavant) trouva cet arrangement peu propice au travail universitaire. Elle déménagea et s'installa dans une chambre de bonne au quartier Latin, de manière à pouvoir consacrer tout son temps au travail. Du travail, elle n'en manqua pas au début de cette première année car elle n'était pas au niveau des autres étudiants, frais émoulus du baccalauréat. Mais il en aurait fallu plus pour la décourager.

Une chose est sûre : Marie ne peut avoir été éblouie par les jeunes Françaises de son âge. Pour cela, il aurait d'abord fallu qu'elle en rencontrât, à la Sorbonne, puisqu'elle ne sortait de chez elle que pour aller en cours. Or sur les 1 825 étudiants inscrits à la faculté des sciences durant l'année 1891-1892, vingt-trois seulement étaient des étudiantes, dont plus de la moitié étaient des étrangères comme elle. Rien n'empêchait pourtant les jeunes Françaises de faire des études à l'Université, si ce n'est leur médiocre niveau à la sortie des lycées « de jeunes filles » dont les programmes n'étaient pas les mêmes que ceux des « lycées de garçons », surtout dans les matières scientifiques.

Il est un domaine en revanche où Marie Sklodowska ne fut pas déçue : celui de la formation scientifique. La Sorbonne était alors en cours de reconstruction.

Un an tout juste après leur rencontre, Marie épouse Pierre Curie (ci-dessous, photo du mariage et, ci-contre, lettre de Marie à une amie lui annonçant l'événement). Pour l'occasion, le professeur Sklodowski fait le voyage de Varsovie. « Point de notaire, écrit Ève Curie, puisque les fiancés ne possèdent rien au monde, rien que deux bicyclettes », deux bicyclettes reçues en cadeau de mariage.

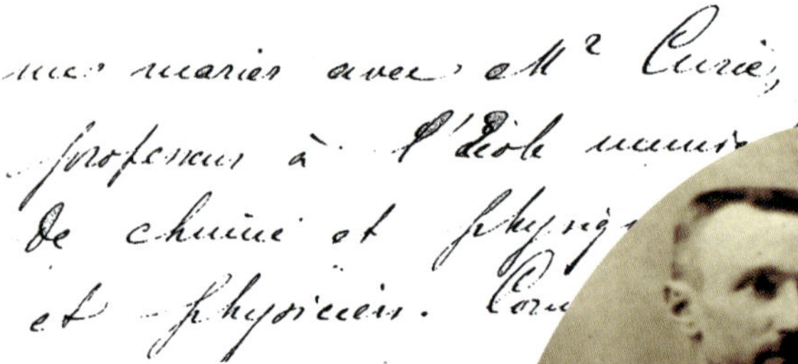

Elle eut comme professeur des personnalités éminentes : Gabriel Lippmann, prix Nobel de physique en 1908, inventeur de la photographie en couleur, et surtout Henri Poincaré, la gloire de la science française.

**Rencontre avec un être d'exception**

C'est en 1894, alors qu'elle préparait une licence de mathématiques (après avoir obtenu une licence de physique) que Marie Sklodowska rencontra Pierre Curie. Pour financer cette seconde licence, Marie avait obtenu une bourse en échange d'un travail de mesures concernant les propriétés magnétiques de divers aciers. On lui conseilla de s'adresser à Pierre Curie, que son travail de thèse sur le magnétisme avait déjà rendu célèbre dans la communauté scientifique.

La rencontre eut lieu chez un compatriote de Marie. Après avoir parlé de magnétisme, les deux jeunes gens (Pierre avait 35 ans et Marie 27) découvrirent qu'ils avaient des intérêts communs : la science et le bonheur de l'humanité. Six mois plus tard, Pierre écrivait à Marie : « Ce serait cependant une belle chose, à laquelle je n'ose croire, que de passer la vie l'un près de l'autre, hypnotisés dans nos rêves : votre rêve patriotique, notre rêve humanitaire et notre rêve scientifique », suggérant, l'air de rien, qu'ils pourraient passer leur vie ensemble.

Pierre Curie était un être d'exception et Marie s'en rendit vite compte. De son côté, Marie Sklodowska détonnait dans le milieu intellectuel parisien du tournant du siècle. C'est sur la base de leur marginalité que s'est d'abord construite leur entente.

À l'été de 1895, Marie, ayant constaté que ses sentiments pour Pierre Curie l'emportaient sur ses convictions politiques, décida de renoncer à la promesse qu'elle s'était faite de n'épouser qu'un Polonais. Quant à Pierre, il y avait déjà belle lurette qu'il avait abandonné l'idée de vivre comme un prêtre, idée formée à la suite d'une expérience amoureuse tragiquement terminée. Le 26 juillet 1895, ils se marièrent à la mairie de Sceaux.

Le docteur Eugène Curie, sa femme, Claire Depouilly, et leurs deux fils Jacques (à gauche) et Pierre (à droite) dans leur jardin de Sceaux en 1878. « Le docteur Eugène Curie, épris des idées de 1848, écrit sa petite-fille Ève, est d'humeur batailleuse. Marie [...] apprend à connaître les querelles de parti, si chères aux Français. » Mais en 1895, l'année du mariage de Pierre et Marie, ce qui trouble les réunions familiales n'est pas une simple « querelle de parti », c'est l'affaire Dreyfus.

« L'étude de ce phénomène nous parut très attrayante, et cela d'autant plus que la question, entièrement nouvelle, ne comportait aucune bibliographie. Je me décidai à entreprendre un travail sur ce sujet. » Ainsi s'exprime en 1923 Marie Curie, parlant de ce qui avait fait sa gloire et celle de son mari, Pierre, la découverte de la radioactivité en 1898.

**CHAPITRE 2**

# « NOTRE RÊVE SCIENTIFIQUE »

Un rêve pour la réalisation duquel Pierre et Marie Curie (page de gauche, en 1904) ne disposèrent guère de plus de dix ans de vie commune. Dix ans d'une collaboration singulière dont Pierre rendit compte avec insistance dans sa conférence Nobel et dont témoignent tout particulièrement les carnets de laboratoire où sont imbriquées leurs deux écritures (ci-contre).

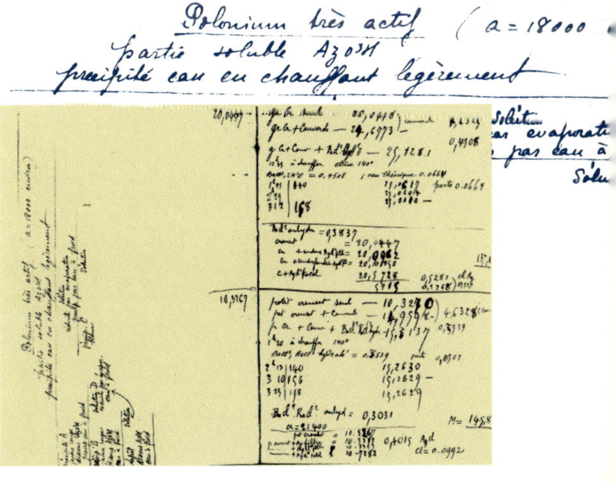

## Les « rayons » uraniques de Becquerel

En février 1896, le physicien Henri Becquerel constate à son grand étonnement que des cristaux d'un sel d'uranium abandonnés quelques jours sur une plaque photographique, elle-même enveloppée dans du papier noir, le tout enfermé dans un tiroir, impressionnent la plaque photographique, donnant une image aux contours nets de la forme des cristaux. Le phénomène ne pouvant pas résulter de l'action de la lumière – que ce soit de façon directe (sur la plaque) ou indirecte (par transformation du sel d'uranium en un corps phosphorescent) –, Becquerel fait l'hypothèse que le sel d'uranium émet des « rayons ». Le mot était à la mode : rayons invisibles (ultraviolets et infrarouges), rayons cathodiques, rayons X, découverts par l'Allemand

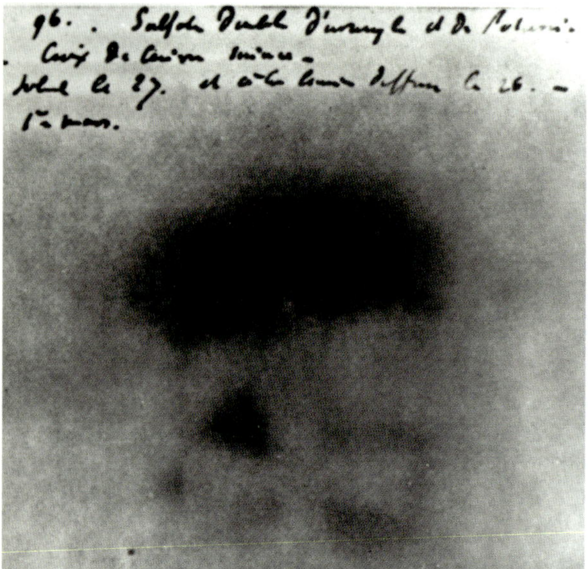

La découverte des rayons X par Wilhelm Conrad Röntgen est présentée à l'Académie des sciences par Henri Poincaré le 20 janvier 1896. Henri Becquerel (1852-1908 ; ci-dessus), professeur au Muséum d'histoire naturelle de Paris et spécialiste de la luminescence, s'intéresse d'emblée à la question et se demande si les substances phosphorescentes sont susceptibles d'émettre des rayons X. C'est au cours d'expériences réalisées à cet effet qu'il découvre, par hasard, les « rayons uraniques », émis par un sel d'uranium. Le cliché réalisé le 1er mars 1896 (ci-contre) est destiné à montrer que les rayons uraniques traversent le papier noir mais sont arrêtés par une plaque de cuivre en forme de croix de Malte.

Röntgen en 1895, rayons N (que seul leur inventeur eut la chance de voir); l'air du temps était chargé de « rayons » plus ou moins mystérieux.

Becquerel donna donc tout naturellement le nom de « rayons » à ces émanations mystérieuses qui impressionnaient les plaques photographiques dans l'obscurité; comme le phénomène concernait des sels d'uranium, il qualifia ces rayons d'« uraniques ».

Lorsque Marie Curie s'y intéressa, en 1898, le domaine n'était pas exactement en friche. Certes les rayons uraniques avaient suscité moins d'enthousiasme que les rayons X, en passe de donner naissance à une véritable industrie; mais la découverte de Becquerel était discutée dans les milieux scientifiques, en France et à l'étranger. Lippmann, dans le laboratoire duquel travaillait Marie Curie, s'intéressait à la question. Enfin, signe que le domaine était « porteur », la technique de détection des rayons uraniques avait évolué en deux ans : la plaque photographique avait cédé la place à l'électromètre.

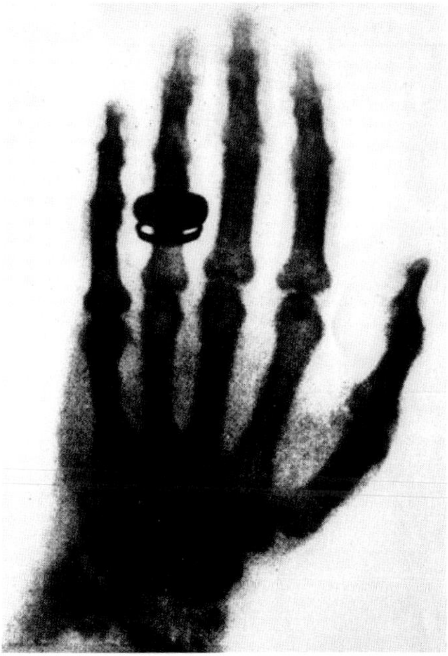

L'un des premiers clichés obtenus aux rayons X est celui de la main de Mme Röntgen (ci-dessous). « Un morceau d'une feuille d'aluminium, de 15 millimètres d'épaisseur, laisse encore passer les rayons X (c'est ainsi que j'appellerai ces rayons pour abréger) [...]. Si l'on tient la main devant l'écran fluorescent, les os projettent une ombre foncée et les tissus qui les entourent ne se dessinent que très légèrement », annonce Röntgen à Berlin le 28 décembre 1895.

### L'électromètre des frères Curie

C'est là qu'intervient Pierre Curie. Les rayons uraniques, tout comme les rayons X, ont la propriété d'« ioniser »l'air qu'ils traversent; ce qui veut dire qu'ils sont capables d'arracher un électron à une molécule de l'air qui, d'électriquement neutre qu'elle était, devient porteuse d'une charge. D'où l'idée, déjà mise en œuvre dans le cas des rayons X, d'utiliser la mesure de cette charge d'ionisation comme indicateur de la puissance de la source. Marie Curie s'était fixé comme objectif d'appliquer cette idée au cas des rayons uraniques et donc de remplacer leur détection photographique, nécessairement qualitative,

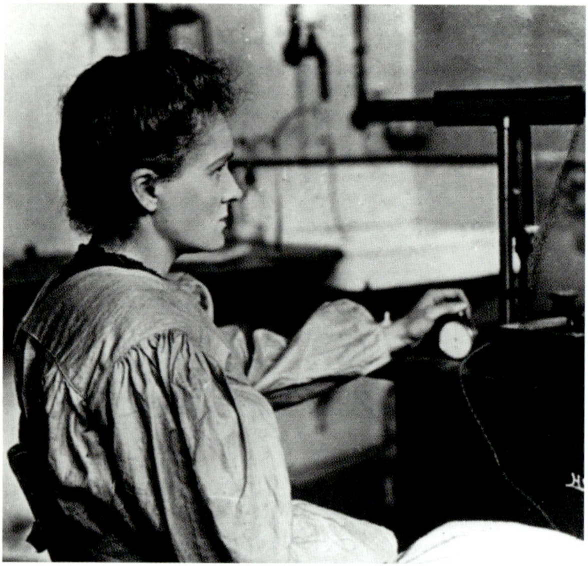

« Il y a une chimie toute particulière, pour laquelle l'outil d'emploi courant est l'électromètre et non pas la balance, et que l'on nommerait volontiers la chimie de l'impondérable » (Marie Curie).
Dans cette chimie, la quantité de matière, au lieu d'être mesurée par son poids, est référée à l'intensité des rayons qu'elle émet. Ceux-ci, en traversant le gaz contenu dans la chambre d'ionisation (1), induisent une charge électrique proportionnelle à l'intensité des rayons émis. L'électromètre Curie ou « balance à quartz » (2), inventé par Jacques et Pierre Curie (à droite), mesure cette charge.

par une étude quantitative. Or Pierre Curie était spécialiste de la mesure des faibles charges électriques : avec son frère Jacques, il avait mis au point, dès 1880, une batterie d'instruments permettant des mesures extrêmement précises de ces charges.

La pièce centrale de ce dispositif était un électromètre (qui comme son nom l'indique mesure l'électricité); cet électromètre était associé à une « chambre d'ionisation », destinée à collecter les charges résultant de l'ionisation de l'air produite par l'échantillon – source placée au centre; ces charges étaient dirigées vers l'électromètre, pour y être mesurées. Toute mesure implique que l'on dispose d'un étalon auquel comparer la grandeur à mesurer : mesurer la largeur d'une pièce, c'est la comparer au mètre, qui est l'étalon de longueur. Pour que la mesure soit précise et fiable, l'étalon doit être reproductible, stable, éventuellement facile à manier.

1

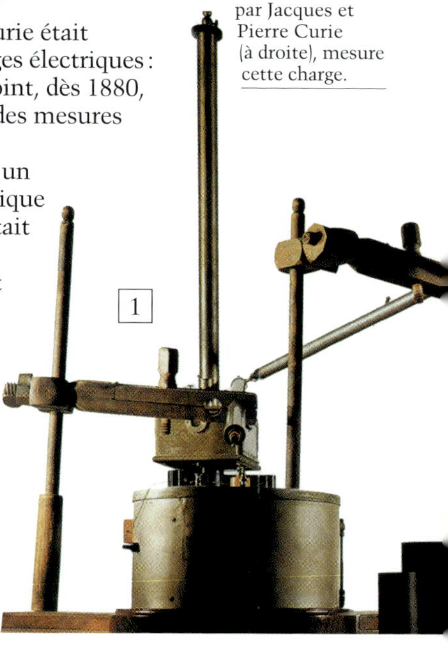

Dans le dispositif de Pierre et Jacques Curie, l'étalon de charge était produit de façon tout à fait nouvelle. Ils avaient en effet montré, en 1880, que la compression de certaines faces de certains cristaux provoque l'apparition de charges électriques sur les surfaces du cristal ; c'est le phénomène de piézoélectricité, aujourd'hui banalisé (montres à quartz). Pierre et Jacques Curie avaient compris l'intérêt que présentait ce phénomène pour la fabrication d'une source étalon de charges : puisque la charge développée sur les faces du cristal est proportionnelle au poids comprimant le cristal, elle est parfaitement réglable. Il « suffit » alors d'ajuster la charge produite par piézoélectricité de manière qu'elle compense celle libérée dans la chambre d'ionisation pour obtenir une mesure de cette dernière. C'est de cet appareil que Marie Curie, sur les conseils de Pierre, qui l'initia à son fonctionnement, allait se servir pour déterminer quantitativement l'intensité du rayonnement découvert par Becquerel.

Sur la photo de gauche, Marie Curie retient de sa main droite le poids qui, en comprimant le cristal piézoélectrique, induit une charge qui doit compenser celle produite dans la chambre d'ionisation. L'exactitude de la compensation est vérifiée à l'aide d'un spot lumineux qui reste alors immobile sur la règle graduée. Dans sa main gauche, elle tient un chronomètre qui mesure le temps de charge.

2

## Le hangar de la rue Lhomond

Quand Marie Curie entama son travail de thèse, elle ne disposait d'aucun local, encore moins d'un laboratoire. Bien plus, comme l'ensemble des chercheurs de l'époque, elle dépendait de la bienveillance des industriels pour l'essentiel des matières premières et devait même parfois y aller de sa poche. Marie Curie sollicita l'aide de son mari, qui, en tant qu'enseignant à l'École de physique et chimie, pouvait espérer récupérer un peu de place à l'École (lui-même ne disposait pour ses recherches que d'un bout de couloir coincé entre un escalier et une salle de manipulations). On lui alloua un local au toit vitré, froid et humide en hiver, torride en été, dans lequel elle travailla d'abord seule, puis bientôt avec Pierre.

Les premières mesures effectuées par Marie Curie suffirent à la convaincre que le rayonnement uranique est une propriété de l'« élément » uranium, intervenant dans la composition chimique des sels étudiés et que son intensité est proportionnelle à la quantité d'uranium contenue, indépendamment de toute autre circonstance extérieure (température ou éclairement par exemple). Si le mot « élément », terme emprunté à la chimie, est ici employé, c'est qu'à l'époque la réalité de l'atome était encore mise en doute par certains physiciens éminents : ce n'est qu'en 1908, à la suite d'un article écrit par Einstein en 1905, confirmé par des mesures effectuées par Jean Perrin, que l'expression « hypothèse atomique » fut abandonnée, et que les atomes acquirent le statut de « constituants ultimes » de la matière.

Vues extérieure (page de gauche, en bas) et intérieure (ci-contre) du hangar de l'École de physique et chimie de la Ville de Paris, rue Lhomond, dans lequel fut accomplie la découverte de la radioactivité. « Nous étions à cette époque, écrit Marie Curie dans son journal, entièrement absorbés par le nouveau domaine qui s'ouvrait devant nous grâce à une découverte inespérée. Malgré les difficultés de nos conditions de travail, nous nous sentions très heureux. Nos journées s'écoulaient au laboratoire. Dans notre hangar si pauvre régnait une grande tranquillité; parfois, en surveillant quelque opération, nous nous promenions de long en large, causant du travail présent et futur; quand nous avions froid, une tasse de thé chaud, prise auprès du poêle, nous réconfortait. Nous vivions dans une préoccupation unique, comme dans un rêve. »

Quant à l'électron, il n'était, lui aussi, qu'une hypothèse non confirmée, jusqu'à ce qu'en 1897 le physicien anglais Joseph John Thomson réussît à en mesurer la charge.

« J'entrepris alors, écrit Marie Curie, de chercher s'il existait d'autres éléments [autres que l'élément uranium] possédant la même propriété. » Après avoir récupéré à gauche et à droite de quoi poursuivre son examen (au fil des années, elle allait se révéler une championne de la « récup ») et avoir passé en revue l'ensemble des éléments connus, Marie Curie conclut que les composés de thorium émettent aussi des rayons analogues à ceux de l'uranium. Les rayons de Becquerel n'étaient plus uniquement uraniques.

## L'hypothèse décisive

À ce stade, Marie Curie fit une observation capitale : ayant remplacé dans la chambre d'ionisation les sels d'uranium ou de thorium par des minerais de ces deux éléments (l'expression « minerai d'un élément » désigne les roches, telles qu'on les trouve dans la nature, contenant des sels de cet élément mélangés à d'autres substances), elle observa une radioactivité supérieure à celle que laissait prévoir leur teneur en uranium ou thorium. Elle formula alors l'hypothèse qui devait assurer sa célébrité : que les minerais d'uranium et de thorium contiennent, en petite quantité, une autre substance émettant beaucoup plus de rayons de Becquerel que l'uranium ou le thorium. « Cette substance ne pouvait faire partie des éléments connus, puisque tous ceux-ci avaient été examinés ; ce devait être un élément chimique nouveau. »

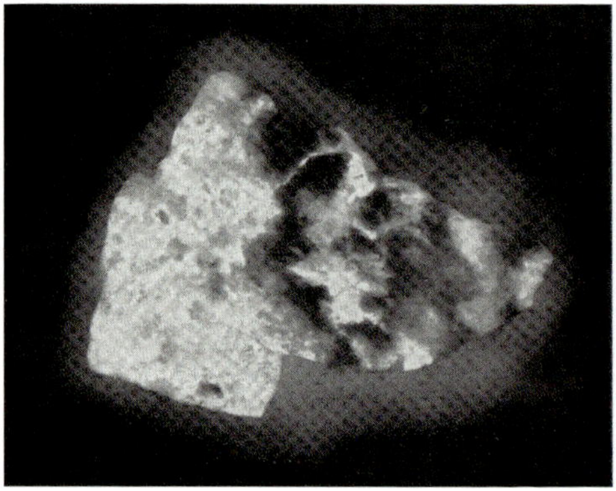

Avec la découverte de la radioactivité, la pechblende devint un minerai célèbre (ci-dessous, pechblende photographiée grâce à l'émission de ses propres « rayons »).

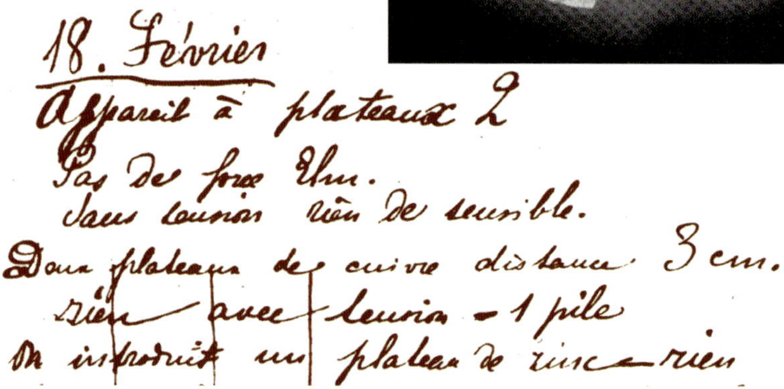


Pierre Curie, qui s'était contenté jusque-là d'aider Marie pour certaines mesures, décida d'abandonner sur-le-champ ses travaux en cours et de se consacrer avec elle à la recherche de l'élément inconnu.

**La découverte de la radioactivité**

Le minerai dont ils espéraient extraire cet élément inconnu était la pechblende, minerai d'uranium provenant d'une mine située en Bohême, à Sankt Joachimsthal (l'uranium était utilisé, sous forme de sel, pour colorer en vert-jaune la porcelaine et le verre). Dans les premiers stades de leurs expériences, les Curie ne disposaient que de quelques centaines de grammes de pechblende, auxquels ils comptaient appliquer les techniques d'isolement habituelles en chimie. Dans leur principe, ces techniques consistent à produire, par des traitements chimiques ou physiques appropriés, une succession de corps contenant une fraction de plus en plus grande de l'élément cherché. Mais comment repérer cette augmentation de concentration, s'agissant d'un élément dont on ne connaît rien ? Pierre et Marie Curie imaginèrent alors de prendre comme indice de concentration

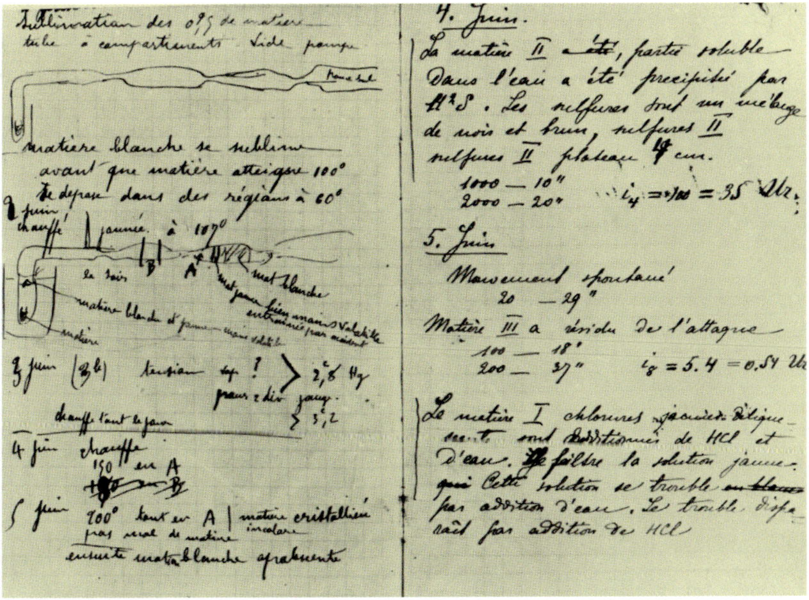


l'intensité des rayons de Becquerel émis par les corps obtenus à chaque étape du processus. Ce faisant, ils inventaient une nouvelle technique de séparation des éléments, destinée à un bel avenir, reposant sur une nouvelle propriété des corps naturels, pour laquelle Marie la Polonaise forgea un nouveau mot français : radioactivité.

Les notes de laboratoire des Curie sont regroupées dans trois carnets. Le premier, commencé par Pierre en 1897, renferme des notes sur les cristaux. Le deuxième, daté de 1898, concerne plus particulièrement la découverte du radium et du polonium. Il contient des notes, tant de Pierre que de Marie qui éclairent leur collaboration et permettent de « voir » les découvertes en train de se faire : ci-dessus, sur le feuillet droit, une formule chimique notée de la main de Marie ; et à gauche des notes de Pierre.

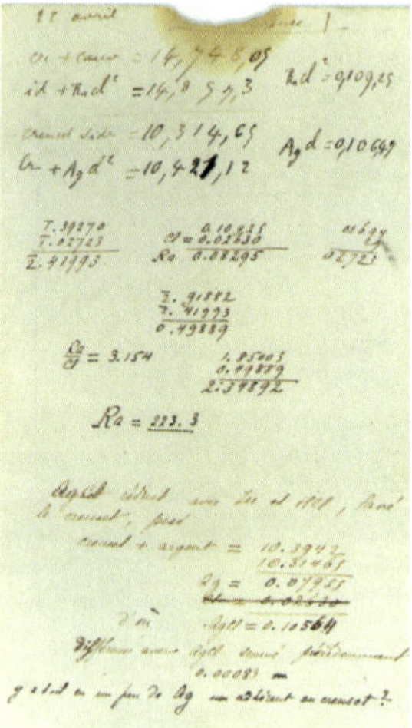


Le 13 juillet 1898, Henri Becquerel lisait à l'Académie des sciences une communication rédigée par les Curie, annonçant l'existence d'un nouvel élément, qu'ils avaient baptisé polonium, en l'honneur de la Pologne et des Polonais. En décembre de cette même année, les Curie annoncèrent la découverte d'un second élément nouveau, le radium.

André Debierne (1874-1949 ; ci-dessous), jeune professeur de chimie, disposait d'un laboratoire à la Sorbonne et rendait visite aux Curie, dont les travaux l'intéressaient vivement. En 1899, il découvrit l'actinium. À la mort de Pierre, il devint le principal collaborateur de Marie Curie et son ami le plus fidèle. Peut-être n'aurait-elle pas réussi à assurer la succession de Pierre sans l'aide de Debierne. À gauche, fiche cartonnée de 1902 sur la radioactivité annotée par Pierre, en haut, et Marie Curie, en bas.

## La détermination du poids atomique du radium

Aux yeux des chimistes, un élément n'existe que pour autant qu'il a été isolé, présenté à l'état pur et que son poids atomique a été déterminé, ce qui permet de lui attribuer une case dans le tableau de Mendeleïev. Pierre Curie n'avait guère envie de s'engager dans une entreprise dont tout laissait prévoir qu'elle serait de longue haleine, simplement pour satisfaire aux exigences des chimistes. Pour lui, l'existence du polonium et du radium ne faisait aucun doute et il avait hâte de trouver une explication au phénomène de la radioactivité. L'extraction du radium pur (le radium s'avéra plus facile à isoler que le polonium) fut donc essentiellement l'œuvre de Marie. Elle y parvint au terme d'un véritable travail de titan. Il lui fallut d'abord se procurer de la pechblende en grande quantité. Occasion pour elle de s'exercer au jeu auquel elle excellerait par la

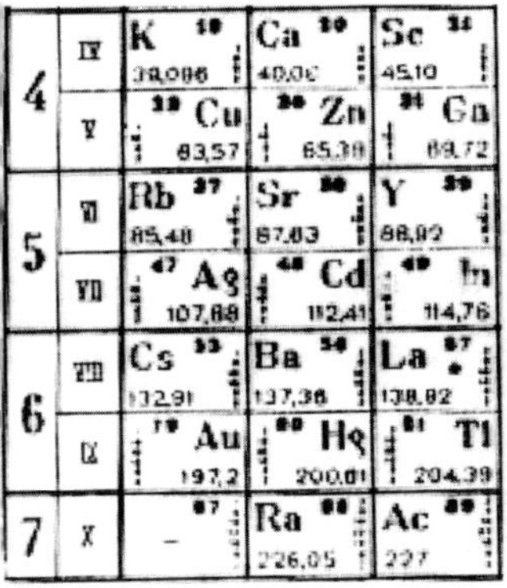

| | | | | |
|---|---|---|---|---|
| 4 | IV | K 19 39,096 | Ca 20 40,0[illegible] | Sc 21 45,10 |
| | V | 29 Cu 63,57 | 30 Zn 65,38 | 31 Ga 69,72 |
| 5 | VI | Rb 37 85,48 | Sr 38 87,63 | Y 39 88,92 |
| | VII | 47 Ag 107,88 | 48 Cd 112,41 | 49 In 114,76 |
| 6 | VIII | Cs 55 132,91 | Ba 56 137,36 | La 57 138,92 |
| | IX | 79 Au 197,2 | 80 Hg 200,61 | 81 Tl 204,39 |
| 7 | X | 87 – | Ra 88 226,05 | Ac 89 227 |

suite : obtenir des financements. C'est ainsi que grâce aux bons rapports qu'elle et Pierre entretenaient avec l'université de Vienne, qui intervint auprès du gouvernement autrichien, propriétaire de la mine de Sankt Joachimsthal, mais aussi grâce à un don généreux (le premier d'une longue série) du baron Henri de Rothschild, elle réussit à se faire livrer dix tonnes de pechblende, qu'elle entassa dans la cour qui séparait son local d'alchimiste de celui où se faisaient les mesures électriques. Les conditions matérielles étaient terribles : pas de chauffage, pas de hotte pour l'évacuation des vapeurs nocives, de sorte que bien des réactions chimiques devaient être effectuées dans la cour quand le temps le permettait, sinon à l'intérieur, toutes fenêtres ouvertes.

À la dureté de ces conditions de travail, il faut ajouter le danger que représentait le fait d'être au contact de matières de plus en plus radioactives, danger dont Marie Curie n'avait probablement pas conscience, mais dont nous savons aujourd'hui qu'il était énorme. La vie n'était pas pour autant un enfer : le radium avait des qualités esthétiques insoupçonnées : par exemple, il émettait dans le noir une lumière colorée fantastique. Marie raconte la joie qu'ils éprouvaient, Pierre et elle, le soir en retournant au laboratoire après le dîner : « Nos précieux produits pour lesquels nous n'avions pas d'abri étaient disposés sur les tables et sur des planches ; de tous côtés on apercevait leurs

En 1869, le chimiste russe Dimitri Ivanovitch Mendeleïev (1834-1907) entreprit de classer les éléments chimiques par ordre de poids atomique croissant. Il constata que les éléments dont les poids atomiques sont séparés par un intervalle de huit – tels ici le potassium (K), de poids atomique 19, et le rubidium (Rb), de poids atomique 27 – ont des propriétés chimiques analogues. En inscrivant ces éléments dans une même colonne, il obtint un tableau : le tableau périodique de Mendeleïev (ci-dessus, à gauche). Le radium (Ra) et l'actinium (Ac) figurent en bas, à droite.

Ci-dessus, à droite : photographie d'une coupelle contenant 2,7 grammes de bromure de radium, prise dans l'obscurité en 1922 pour témoigner de la grande luminescence du radium.

« Les rayons uraniques ont fréquemment été appelés rayons de Becquerel. On peut généraliser ce nom en l'appliquant non seulement aux rayons uraniques, mais aussi aux rayons thoriques et à tous les rayonnements de même nature. J'appellerai radioactives les substances qui émettent des rayons de Becquerel. »

Marie Curie

Ces « rayons » sont de trois sortes : α et β, faits de particules porteuses de charges électriques opposées qui, de ce fait, sont déviés dans des directions opposées par un champ magnétique ; et les rayons γ, qui eux ne subissent aucune déviation car ce sont des particules de lumière (schéma ci-dessous). Ci-contre, Marie Curie dans son laboratoire de la rue Lhomond en 1899.

silhouettes faiblement lumineuses, et ces lueurs qui semblaient suspendues dans l'obscurité nous étaient une cause toujours nouvelle d'émotion et de ravissement. » Au bout de trois ans de cette vie de sorcière Tambouille, Marie (aidée par Pierre pour les mesures de rayonnement) put enfin annoncer, en juillet 1902, qu'elle avait obtenu 1 décigramme de radium pur (soit 0,1 gramme extrait de 10 tonnes de pechblende !).

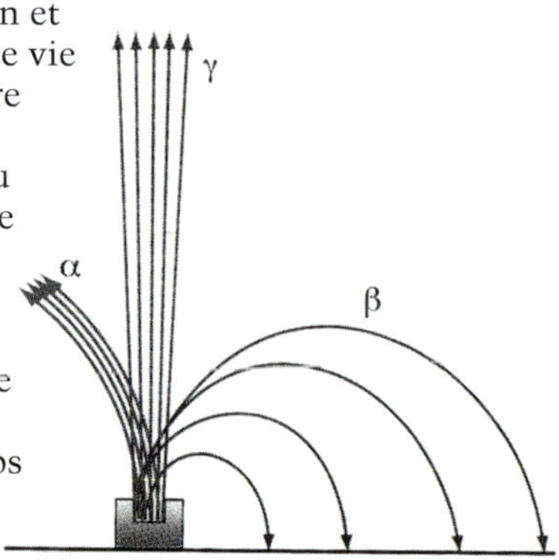


### L'énigme de l'origine du rayonnement

Le travail d'extraction n'empêchait pas Marie de réfléchir à la question qui tourmentait Pierre : d'où vient l'énergie émise par les corps radioactifs ? En effet, l'énergie transportée par le rayonnement radioactif semble provenir de nulle part : l'émission est spontanée et laisse le corps émetteur apparemment intact. Dès 1902, Marie Curie fait remarquer que la radioactivité est une propriété « atomique ». Mais l'explication de ce mystère ne sera achevée qu'en 1928 ; elle se fit en deux temps, auxquels sont associés les noms d'Ernest Rutherford et de George Gamow.

En janvier 1899, Ernest Rutherford, physicien néo-zélandais travaillant à Cambridge et au Canada, avait analysé le rayonnement radioactif et montré qu'il comprend au moins deux types de rayonnement : « l'un, disait-il, qui est très facilement absorbé et que l'on appellera par commodité le rayonnement α », et dont il montrera en 1902 qu'il est constitué d'un flux d'atomes d'hélium ayant perdu deux électrons (il s'agit donc de particules matérielles porteuses d'une charge positive) ; et « l'autre, de caractère plus pénétrant, qui sera appelé rayonnement β ». Becquerel établira plus tard qu'il s'agit encore d'un flux de particules matérielles, mais cette fois-ci, des électrons. En 1900, une troisième composante du rayonnement radioactif fut découverte : le rayonnement γ, rayonnement électromagnétique, du même type « immatériel » que la lumière visible et les rayons X, mais de longueur d'onde beaucoup plus courte que celle des rayons X, ce qui le rend encore plus pénétrant (le pouvoir de pénétration dans la matière variant en raison inverse de la longueur d'onde).

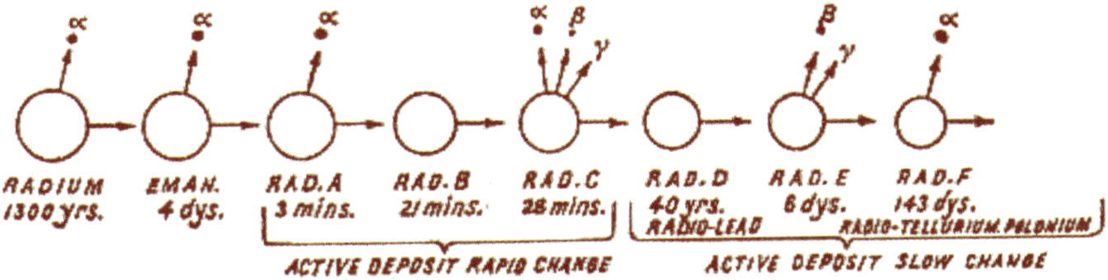


Ernest Rutherford (1871-1937 ; ci-dessus), est l'auteur de la théorie dite de la transmutation : lors d'une émission radioactive, une certaine fraction de l'élément de départ est « transmuée » en un autre élément. Le radium, par exemple, en émettant des rayons α, devient radon (noté EMAN sur le schéma ci-dessus), lequel est transmué en RAD A. Le terme « transmutation » déplaisait à Marie Curie pour sa connotation alchimique.

### « La nature matérielle de l'émanation »

Loin de se dissiper, le mystère semblait s'épaissir encore. Car si l'on comprend bien qu'un corps émette de l'énergie sous forme de lumière (les rayons $\gamma$), il est difficile d'admettre qu'un élément chimique puisse émettre des particules matérielles (des électrons et des atomes d'hélium privés de deux électrons). Pierre Curie lui-même eut du mal à admettre « la nature matérielle de l'émanation » et n'adopta le point de vue de Rutherford qu'en 1904. Marie, pour sa part, trouvait que « la théorie matérielle de la radioactivité nous conduit bien loin ». En revanche, cette matérialité ne semble pas avoir gêné le jeune Einstein qui, en 1905, termine par ces mots le très court article dans lequel se trouve énoncée la relation $E = mc^2$ : « Il n'est pas exclu que l'on puisse réussir à vérifier la théorie [$E = mc^2$] avec des corps dont le contenu en énergie varie dans de grandes proportions (par exemple avec les sels de radium) ». Et de fait, si l'on considère que matière et énergie sont équivalentes, rien ne s'oppose à ce qu'un corps émette de la matière, c'est comme s'il perdait de l'énergie.

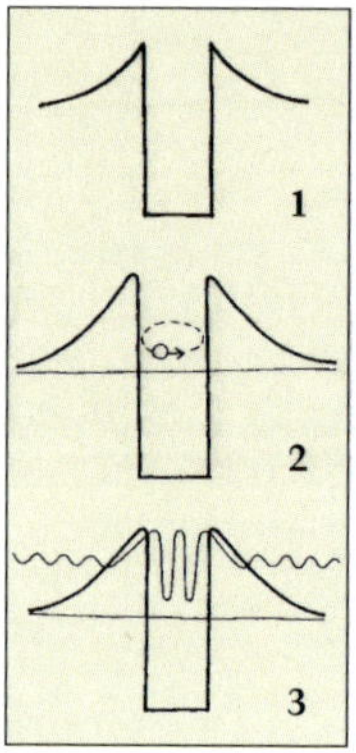


Une particule $\alpha$ (noyau d'hélium ayant perdu 2 électrons) est contenue à l'intérieur du noyau par des forces dites nucléaires, qui l'empêchent d'en sortir. Ces forces sont symbolisées sur le schéma (ci-contre) par un puits (1). Dans le cadre de la physique classique, on se représente la particule $\alpha$ dans le noyau comme une petite balle piégée dans un puits (2) et ne disposant pas d'assez d'énergie pour en sortir : elle se cogne aux parois, sur lesquelles elle rebondit dans un mouvement de va-et-vient. Mais à l'intérieur de l'atome, les lois de la physique classique cèdent la place à celles de la physique quantique. Une particularité des « objets » quantiques est qu'au lieu d'être localisés en un point, ils s'« étalent », ce que symbolise la ligne ondulée sur la vignette du bas (3). Bien que se trouvant pour l'essentiel à l'intérieur du puits, un objet quantique « déborde » en partie à l'extérieur. Lorsqu'on a affaire à un grand nombre d'objets quantiques, ce « en partie » s'interprète en disant qu'une fraction d'entre eux « sort » du puits. C'est par ce mécanisme spécifiquement quantique que Gamow (1904-1968 ; ci-contre) a expliqué l'émission $\alpha$.

### L'explication définitive

L'explication de cette émission matérielle qui embarrassait tant Pierre Curie fait intervenir un constituant de l'atome : le noyau – insoupçonné en 1900, puisque c'est en 1911 que Rutherford démontrera que la charge positive d'un atome est concentrée dans un très petit volume, le noyau. Ce noyau est constitué de « nucléons », particules neutres (neutrons)

ou positives (protons). Les nucléons sont fortement « collés » entre eux à l'intérieur du noyau. S'ils étaient de « vraies particules », il leur serait impossible de s'échapper du noyau, tant la « colle » est forte. Mais voilà; ce ne sont pas des « vraies particules », ce sont des « particules quantiques ». Or, dans le monde quantique (le monde microscopique à l'intérieur de l'atome), les lois sont différentes de celles qui régissent le monde macroscopique, le nôtre – ce dont les physiciens ont pris la mesure entre 1905 et 1927. En particulier, sur une durée de temps donnée, un nucléon (ou un groupe de nucléons, ce qu'est une particule $\alpha$) a une chance non nulle de s'échapper du noyau. Dans un gramme d'uranium, lequel contient un très grand nombre de noyaux, certains de ces noyaux perdent une particule $\alpha$ (on dit alors qu'ils se sont désintégrés), tandis que d'autres restent intacts. C'est ce que George Gamow a démontré en 1928 à l'aide de la toute nouvelle théorie quantique. En calculant la probabilité qu'a une particule $\alpha$ de s'évader d'un noyau d'uranium, il a établi la nature probabiliste du phénomène de la radioactivité.

En octobre 1900, Marie Curie est nommée chargée de cours de physique à l'École normale de jeunes filles de Sèvres. Elle est l'une des premières femmes à enseigner dans cette institution qui préparait à l'agrégation féminine des élèves recrutées par concours et destinées au professorat du secondaire. Enseigner à Sèvres c'était affirmer sa volonté de développer l'enseignement des filles à un haut niveau. Ci-dessus, Marie Curie sur les marches de l'École au milieu de Sévriennes, en 1904.

Le 12 septembre 1897, Marie Curie donne naissance à une fille, Irène (page de gauche, avec son père en 1901), et le 6 décembre 1904 à une seconde fille, Ève (ci-contre, avec leur mère en 1905 et, page suivante, en 1908). Peu de temps après, le couple déménage dans une petite maison près du parc Montsouris, boulevard Kellermann, à côté de leurs amis Perrin (page suivante, en bas à gauche). Après le décès de sa femme, le docteur Eugène Curie vient vivre avec eux. Marie ayant repris très vite son travail de laboratoire en vue de sa thèse, le vieil homme s'occupe beaucoup de la petite Irène (page suivante, à droite, en 1903). « La présence [après la mort de Pierre] du docteur Curie, douce à Marie, écrit Ève, est pour ses filles une joie. Sans le vieil homme aux yeux bleus, leur enfance eût été étouffée par le deuil. Bien plus que leur mère, toujours absente de la maison, toujours retenue à ce LABORATOIRE dont le nom bourdonne sans fin à leurs oreilles, il est leur compagnon de jeux, leur maître. […] il est l'incomparable ami de l'aînée, de cette enfant lente et farouche, si profondément semblable au fils qu'il a perdu… Il oriente sa vie intellectuelle d'une façon décisive. »

## Les inconvénients du prix Nobel

En 1903, le prix Nobel de physique est décerné conjointement à Henri Becquerel et à Pierre et Marie Curie, pour la découverte de la radioactivité naturelle. L'attribution du Nobel marque une rupture dans la vie des Curie. L'argent du prix fut le bienvenu. En revanche, il leur fallut subir les désagréments causés par les intrusions indiscrètes de journalistes qui trouvaient choquant que Marie refusât de les recevoir au motif qu'elle avait du travail et que Pierre ne leur accordât que quinze minutes, montre en main, pour finalement ne répondre que par oui ou par non à leurs questions. Ce comportement acide, loin d'éloigner la meute, ne fit qu'accroître le tapage fait autour de la mystérieuse radioactivité et de ses découvreurs si peu conformistes. Par ailleurs, Pierre et Marie Curie commençaient à ressentir les effets du surmenage des années précédentes; ils vivaient dans un état d'épuisement permanent. Pierre était la proie de vives douleurs dans les bras et le dos, que la faculté identifia comme des rhumatismes, avant de diagnostiquer une neurasthénie. En réalité, les conséquences des irradiations subies pendant les six années passées se faisaient sentir; Pierre (tout comme Becquerel) souffrait de brûlures, aux doigts principalement, qui ne cicatrisaient pas vraiment. Obéissant à un réflexe de survie, Pierre et Marie louèrent à l'année une maison dans la vallée de Chevreuse, à une heure, par la « ligne de Sceaux », de Paris et de leur nouveau laboratoire, rue Cuvier. Au moins pouvaient-ils vivre au calme. Pierre se prit même à rêver d'un laboratoire moderne à la campagne…

KONGLIGA SVENSKA VETENSKAPS-AKADEMIEN

ALFRED NOBEL

PIERRE CURIE

OCH HANS HUSTRU FRU

MARIE CURIE

Retenus par leurs obligations d'enseignants, Pierre et Marie Curie ne peuvent assister à la cérémonie de remise des prix Nobel qui se déroule à Stockholm le 10 décembre 1903 (ci-dessus, le diplôme). Pierre promit néanmoins de venir plus tard prononcer le discours réglementaire, ce qu'il fera en 1905. Marie, première femme à se voir attribuer le Nobel, n'est pas invitée à prendre la parole ce jour-là.

MORT TRA

## La mort de Pierre

Cette période prit brusquement fin de façon tragique : le 19 avril 1906, Pierre fut renversé par un attelage en plein Paris, rue Dauphine, et tué sur le coup.

Marie surmonte difficilement son désespoir. Mais, très vite, elle se ressaisit et prend la direction du laboratoire que dirigeait Pierre rue Cuvier, ainsi que la charge de cours à la Sorbonne, où il avait été nommé après l'attribution du prix Nobel. Elle entreprend alors de réaliser le rêve de son mari – un laboratoire moderne, à la campagne. En 1919, treize ans après la mort de Pierre, à force d'obstination et en dépit des obstacles, le rêve deviendra réalité.

Simultanément, Marie poursuit les recherches qu'elle avait entreprises seule, sans l'aide de Pierre, après le prix Nobel. Lui fallait-il démontrer aux yeux du monde qu'elle n'avait pas été que l'assistante de Pierre ? C'est ce que suggère l'une de ses élèves, Eugénie Cotton. Et cela n'aurait rien eu de scandaleux. Car nombreux étaient ceux qui

GIQUE DE M. CURIE

Le prix Nobel n'apporta pas que des désagréments aux Curie : il leur permit de s'installer dans un laboratoire plus grand, rue Cuvier (ci-dessous, photo posée de Pierre et Marie Curie dans ce laboratoire, en 1905). « Une idylle dans un laboratoire de physique, c'est une chose qu'on n'avait encore jamais vue », avait écrit le journal *Les Dimanches*, en 1903.

insinuaient qu'elle était incapable de découvrir seule quoi que ce soit et il lui fallut pendant toute cette période s'affirmer en tant que femme seule. Elle le fit à sa manière un peu brusque, sans se laisser impressionner par la réputation des scientifiques de l'*establishment*. Ainsi démolit-elle de façon définitive les prétentions d'un des chimistes anglais les plus en vue, sir William Ramsay, à avoir produit du lithium à partir de cuivre. « J'ai bien aimé, dit l'un de ses collègues américains, sa façon de résumer la situation dans son article sur le "cuivre-lithium" ; elle ne laisse au lecteur aucun doute sur sa position à elle dans cette affaire. »

C'est durant cette période que Marie Curie acquiert une stature internationale. En témoigne la fameuse photographie du Congrès Solvay de 1911, où elle figure, seule femme, entourée des physiciens les plus célèbres de l'époque : Poincaré, Einstein, Lorentz, Rutherford, etc.

Cette même année 1911, elle se voit décerner un second prix Nobel (fait des plus rares), de chimie cette fois-ci, pour la détermination plus précise du poids atomique du radium et la production (avec son

Le 16 novembre 1910, *Le Figaro* révèle à ses lecteurs que Marie Curie envisage de poser sa candidature à l'Académie des sciences. L'information est aussitôt relayée par la presse et donne lieu à des joutes dont certaines charges sont d'une grande misogynie. « Une femme entrera-t-elle à l'Institut ? » titre la revue *Excelsior* du 23 janvier 1911 (ci-contre). La candidature de Marie, face au très catholique Branly, ravive les discordes de l'affaire Dreyfus et scinde de nouveau l'opinion française entre républicains et cléricaux. Le jour du vote l'*Action française* titre : « Dreyfus contre Branly ».

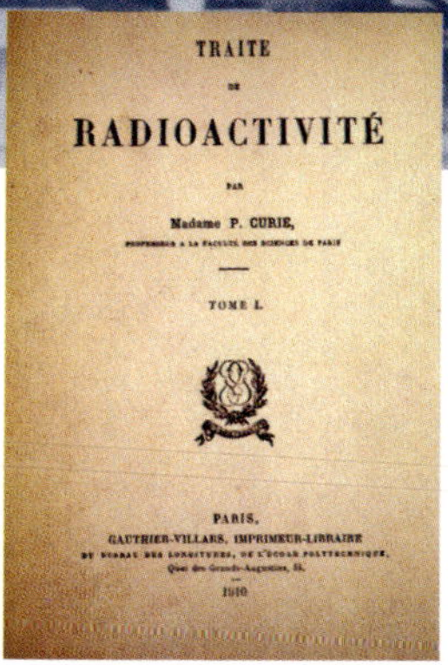

TRAITE

DE

RADIOACTIVITÉ

PAR

Madame P. CURIE,

PROFESSEUR A LA FACULTÉ DES SCIENCES DE PARIS

TOME I.

PARIS,

GAUTHIER-VILLARS, IMPRIMEUR-LIBRAIRE

DU BUREAU DES LONGITUDES, DE L'ÉCOLE POLYTECHNIQUE,

Quai des Grands-Augustins, 55.

1910

collaborateur de toute une vie, André Debierne) de radium métallique. Mais 1911 est aussi l'année où éclate une « affaire » qui devait briser Marie pour plusieurs années : la presse qui a eu vent des rapports amoureux qu'elle entretient avec Paul Langevin depuis quelque temps l'accuse, elle l'étrangère, d'avoir détruit un « foyer français ». Le scandale remonte jusqu'à l'Académie des sciences qui, le 23 janvier 1911, élit son concurrent Édouard Branly, à une voix près. Même si ces mérites sont indiscutables (il est l'inventeur de la télégraphie sans fil), de toute évidence, Branly bénéficia du tapage médiatique fait autour de l'« affaire Langevin » et de l'opposition entre conservateurs (il était soutenu par le lobby catholique) et progressistes qu'elle avait suscitée. Marie Curie, obligée de quitter Paris et de prendre un autre nom, s'enfonce dans une dépression dont elle ne sortira que plusieurs années plus tard.

Les Congrès Solvay sont des conférences scientifiques tenues à Bruxelles grâce à la générosité d'Ernest Solvay, un chimiste et industriel belge qui avait fait fortune en inventant un nouveau procédé de fabrication de la soude. Ces colloques, qui réunissaient les plus grands scientifiques de l'époque, jouèrent un rôle important dans l'élaboration de la théorie quantique. Sur cette photo du premier Congrès Solvay, en 1911, Marie Curie – longtemps seule femme à y être invitée –, est assise au centre entre Henri Poincaré et Jean Perrin. On reconnaît, debout, sur la droite de la photo, Langevin et Einstein.

Au moment où Pierre Curie disparaît, un médecin biologiste, Claudius Regaud, a l'intuition qui va faire passer le phénomène de la radioactivité du stade de gadget miraculeux au rang de technique thérapeutique scientifiquement établie. Très vite, la radioactivité devient un outil sans équivalent dans la lutte contre le cancer. Le laboratoire semi-industriel que Marie Curie, suivant le désir de Pierre, a réussi à faire exister à la sortie de la guerre, acquiert de ce fait une dimension nouvelle et apparaît comme une pièce essentielle du dispositif de lutte mis en place à cette époque.

**CHAPITRE 3**

# « MON » LABORATOIRE

Marie Curie dédie les vingt dernières années de sa vie à son laboratoire de l'Institut du radium (page de gauche, en 1921). Qu'il s'agisse de recherche, de recrutement ou de financement, elle est sur tous les fronts. Ci-contre, affiche du ministère de la Santé pour la lutte contre le cancer (1930).

**Brûlures et malaises inexpliqués**

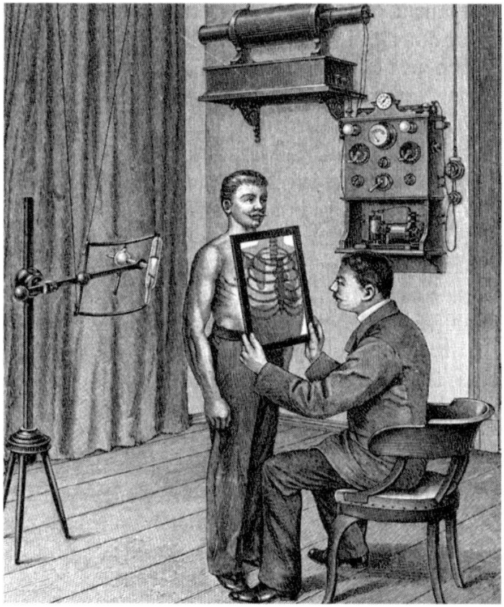

Certes Pierre Curie est mort accidentellement renversé par une voiture. Mais, compte tenu des connaissances acquises aujourd'hui, on peut penser, à lire la description des malaises dont il se plaignait, qu'il n'aurait pas vécu bien vieux. Pierre Curie souffrait en effet d'un affaiblissement général (qu'il attribuait au surmenage), de brûlures qui ne cicatrisaient pas et de douleurs dans le dos plus pénibles que tout.

La première alerte (mais elle ne fut pas vraiment prise au sérieux) avait été donnée par Becquerel, qui en 1901 avait constaté une brûlure apparemment due au contact avec un petit tube contenant un sel de radium que Pierre Curie lui avait remis pour une conférence à Londres et qu'il avait gardé six heures dans sa poche. Pierre n'avait pas hésité à reproduire l'« expérience » sur lui-même en maintenant pendant dix heures le tube au contact de son bras. Après quoi, les deux « expériences » avaient fait l'objet d'une communication commune à l'Académie des sciences, intitulée « Action physiologique des rayons du radium ». Poursuivant son investigation scientifique, Pierre transmit des échantillons de sels de radium à ses collègues de l'Institut Pasteur et au service de dermatologie de l'hôpital Saint-Louis, à des fins d'expérimentation.

Au début du XX^e^ siècle une polémique éclate en France : la pratique de la radiologie relève-t-elle de la médecine ? En l'absence de toute réglementation, des cabinets privés de radiographie se sont ouverts un peu partout (ci-dessus), chacun se croyant autorisé, qu'il soit photographe ou ingénieur, à interpréter les clichés. En 1900, Antoine Béclère (1856-1939), qui a installé à ses frais le premier laboratoire hospitalier de radioscopie, à l'hôpital Tenon, fait campagne pour que les services de radiographie ouverts dans plusieurs hôpitaux parisiens soient confiés à des médecins.

**Des rayons X aux rayons « radioactifs »**

Que les « rayons du radium » puissent avoir des effets physiologiques, notamment dermatologiques, c'est ce que l'expérience acquise un peu partout en matière de rayons X laissait présager. En effet, le rayonnement $\gamma$ constituant une partie du rayonnement radioactif (à côté des rayonnements $\alpha$ et $\beta$) est de nature

électromagnétique (autrement dit, il s'agit de « lumière » au sens large du terme), tout comme le rayonnement X. On s'attend donc que la radioactivité puisse avoir les mêmes usages que les rayons X. Comme chacun sait, les rayons X permettent de produire des clichés où les os (ou bien les corps étrangers durs) se détachent en noir sur fond clair. Il s'agit d'un phénomène d'ombre : les os arrêtent les rayons X qui, en revanche, traversent les tissus mous (la chair) sans être absorbés. Cette première application des rayons X ne peut être étendue aux rayons $\gamma$. Ceux-ci, en effet, de longueur d'onde plus courte, transportent plus d'énergie que les rayons X et traversent sans être absorbés à la fois les chairs et les os : on perd l'effet

Les rayons X furent vite adoptés pour examiner l'intérieur du corps humain. Ils furent aussi employés en dermatologie pour leur action nécrosante. Après 1899, cette pratique fut étendue au rayonnement produit par le radium, d'abord sur des animaux (ci-dessus), puis sur l'homme. Pierre Curie (ci-contre, en 1906, peu avant son accident), issu d'un milieu médical, comprit l'intérêt de ces travaux, sans pour autant prendre la mesure du danger que présentait ce rayonnement plus pénétrant que celui des rayons X.

de contraste qui rend les os visibles aux rayons X par leur ombre portée. Mais à l'époque, les rayons X étaient susceptibles d'une autre application, proprement thérapeutique celle-ci ; ils transportent suffisamment d'énergie pour pouvoir détruire des tissus nocifs en les carbonisant.

Henri Danlos, qui travaillait alors à l'hôpital Saint-Louis, avait conjecturé à juste titre que ce pouvoir de cautérisation devrait être décuplé par la substitution des rayons γ aux rayons X. Il utilisait ainsi les sources fournies par le couple Curie pour soigner des affections cutanées telles que lupus érythémateux et verrues. De là à essayer sur des tumeurs cancéreuses, il n'y avait qu'un pas que l'on pouvait toujours tenter à titre d'expérimentation à une époque où les connaissances en histologie ne permettaient pas encore de déterminer les mécanismes de formation des tumeurs cancéreuses.

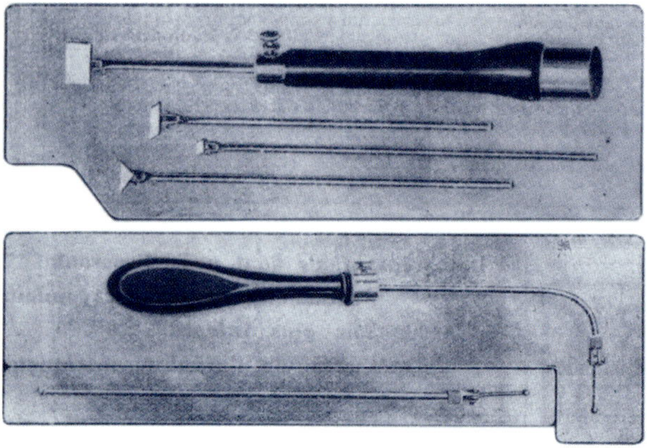

Le radium fut d'abord utilisé sous forme de poudre. Vers 1908, la poudre fut remplacée par le radon. Ce gaz, était plus commode à appliquer et plus facile à produire en grande quantité. Les solutions « radioactives » obtenues à base de radon étaient recommandées pour le traitement de multiples pathologies, soit en boisson (ci-dessous), soit en bain : page de droite, publicité pour une fontaine à radium de laquelle le radon se déversait dans l'eau du bain grâce à un tube en caoutchouc. La patiente restait ainsi immergée jusqu'au menton durant un bon quart d'heure. Ci-contre, appareils pour l'emploi médical du radium.

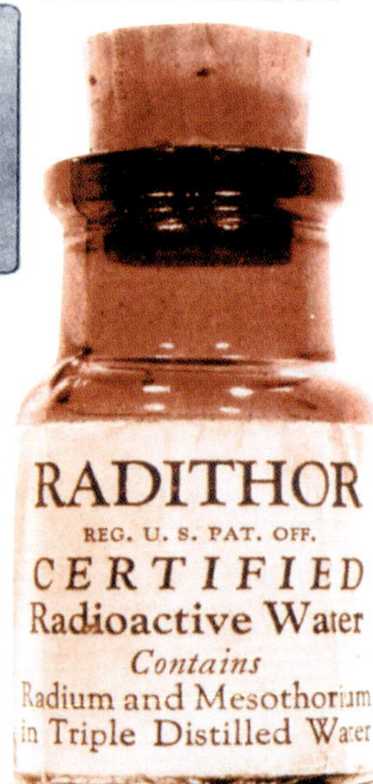


## Radium, radon

Dans les toutes premières années du XX$^{e}$ siècle, le radium dont on disposait se présentait sous forme de fines aiguilles que l'on transportait dans des tubes en verre scellés (comme avait fait Becquerel pour aller à Londres) et que l'on appliquait sur les zones à traiter. Ce radium était rare et cher.

Un grand pas fut franchi avec la découverte du radon par Debierne en 1908. Le radon est l'un des produits de la désintégration du radium. Il est lui-même radioactif (donc « efficace »); il se présente dans les conditions d'utilisation normales sous forme de gaz (d'où le nom d'« émanation » qui lui a longtemps été assigné). Gazeux, il peut être contenu dans des ampoules, faciles à transporter et à manipuler; il peut aussi être dissous dans des liquides (l'eau par exemple), donnant des « solutions radioactives ».

La découverte du radon a apporté un sérieux coup de pouce à l'engouement médiatique pour la radioactivité qu'avait fait naître l'attribution

du prix Nobel. Il faut dire que ce phénomène avait tout pour exciter les imaginations : découvert par des *outsiders* – dont l'un était une femme – dans un hangar misérable où des tonnes d'un vil minerai avaient été transformées en une quantité infime d'un nouvel élément valant de l'or, le radium faisait rêver... Et, inévitablement, ce rêve se vendait bien et était transformé en espèces sonnantes et trébuchantes par d'astucieux filous se prévalant d'une caution scientifique, souvent (mais pas toujours !) de pacotille.

On frémit à l'évocation de ces cures thermales auxquelles se soumettaient des patients naïfs, ou tout simplement snobs, dans des stations où l'eau avait, prétendument, été chargée en radon (ce qui fort heureusement pour la santé publique n'était pas toujours le cas). Tout comme on s'émeut en

La découverte de radon dans les eaux de sources thermales fut une véritable aubaine pour les villes d'eaux. Certaines stations européennes comme Spa, en Belgique, ou Vichy et Plombières (ci-dessus) en France, estimant leurs eaux trop pauvres en radon allèrent jusqu'à les « radioactiver » (c'est-à-dire les enrichir en radon) pour attirer le client ! Une pratique qui ne disparut qu'à la fin de la Seconde Guerre mondiale.

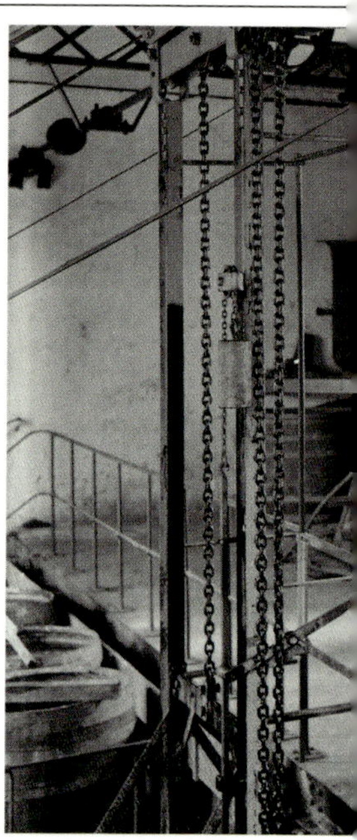

songeant que les pionniers de la radioactivité travaillaient des jours entiers sans protection au contact de produits véritablement radioactifs.

**Recherche et industrie**

Très tôt, Pierre et Marie Curie avaient compris que leurs recherches ne pouvaient se développer qu'en relation avec le monde industriel. Pour son gigantesque travail d'extraction du radium, Marie Curie avait eu besoin, dès 1899, de quantités énormes de minerai que son laboratoire de rattachement (celui de Lippmann) n'était pas en mesure de lui procurer et qu'elle pouvait encore moins payer de ses deniers, inexistants. Aussi les Curie avaient-ils passé un contrat à peine écrit avec une société de produits chimiques : la société achetait à qui de droit (les exploitants de la mine

SELS DE RADIUM
POLONIUM -:- ACTINIUM
et autres substances radioactives
ARMET DE LISLE

de Sankt Joachimsthal) le minerai nécessaire aux travaux de Marie, payait les frais engagés pour ces travaux et même des « droits d'auteur » aux Curie, en échange de quoi elle commercialisait les sels de radium produits par Marie. Les choses se gâtèrent cependant lorsqu'en 1904 le gouvernement autrichien, désireux de favoriser les recherches entreprises à l'université de Vienne, interdit toute exportation de pechblende.

C'est ici qu'entre en scène, tel un *deus ex machina* dans un opéra de Lully, un industriel perspicace et audacieux : Émile Armet de Lisle, qui après des études de chimie, s'apprêtait à prendre la direction

En 1904, l'industriel Armet de Lisle crée la première fabrique de radium en France, à Nogent-sur-Marne (ci-contre, les cuves servant au traitement du minerai et, ci-dessous, vue générale de l'usine). Le radium préparé est destiné pour l'essentiel aux utilisations médicales.

Le radium est devenu synonyme de modernité, objet d'angoisse et de fascination. Paul d'Ivoi (1856-1915), plagiaire de Jules Verne, intitule un épisode de ses *Voyages excentriques* (page de gauche, en bas) *La Course au Radium* (1909). La fiction anticipe la réalité : un des épisodes suivants aura pour titre *Le radium qui tue*.

de l'usine familiale de fabrication de quinine, située à Nogent-sur-Marne. Vivement intéressé par les travaux des Curie, Armet de Lisle, tout en continuant la fabrication de quinine, va jeter les bases d'une industrie du radium en France. Aidé par l'un des élèves de Pierre Curie, Jacques Danne, jeune homme doué et fortuné, il lance ce que l'on appellerait aujourd'hui une campagne de sensibilisation du public, exploitant habilement le battage médiatique fait autour du prix Nobel des Curie. À eux deux, ils créent un journal de vulgarisation, *Le Radium*, dont les lecteurs sont invités à signaler à la rédaction tout ce qui dans leur entourage peut ressembler à du minerai d'uranium.

Du coup, pour ne pas être en reste, le service des Mines entreprend des recherches systématiques

« en France et dans les colonies » et trouve… à Madagascar un gisement d'autunite (autre minéral contenant de l'uranium) qui se révélera inexploitable.

Simultanément, Armet de Lisle soigne ses relations avec Pierre et Marie Curie, puis à partir de 1906, avec la seule Marie, sollicitant son avis, offrant des débouchés à de jeunes chercheurs issus du laboratoire Curie… Par ailleurs, il crée le marché dont a besoin son usine. Profitant de ses contacts avec les milieux médicaux (grâce à la quinine), il démarche les quelques médecins qui essaient la « radiumthérapie » ; il leur prête des appareils pour le transport des matières radioactives, au grand déplaisir de la direction des Hôpitaux, qui n'apprécie pas ces méthodes « modernes » de racolage. Il ne se limite d'ailleurs pas au seul milieu médical : il arrose les ingénieurs agronomes de sa publicité. Dès 1904, il est à la tête d'une usine de produits dérivés du radium, et d'une société de commercialisation, la Banque du radium ; en 1910, il ouvre une nouvelle usine, spécialisée dans les engrais.

L'une des principales préoccupations d'Émile Armet de Lisle (1853-1926 ; à droite) fut la recherche de minerais d'uranium (le radium est un produit de désintégration de l'uranium) sur le territoire national. Malheureusement, le gisement découvert en 1905 à Saint-Symphorien-de-Marmagne, près d'Autun (d'où le nom d'autunite donné au minerai) se révéla peu rentable.

On ne peut pas savoir ce que Pierre Curie aurait pensé d'un tel mélange des genres. On sait en revanche que, dès 1909, Marie Curie éprouve le besoin de mettre un peu d'ordre dans ses relations avec les industriels. Elle limoge Jacques Danne qui, en tant qu'ancien élève de Pierre, occupe encore un poste de préparateur au laboratoire : « J'ai besoin d'avoir un préparateur entièrement à ma disposition. L'abandon de cette situation [préparateur] n'entraîne pour vous aucune gêne, alors que vos occupations à l'usine et à la rédaction de votre journal ne vous permettent pas de vous consacrer aux fonctions de préparateur. » C'est clair, net et sans bavure. Danne obtempère et fonde en 1907 avec son frère un laboratoire personnel dans leur propriété familiale de la banlieue sud de Paris. Plus tard, en 1913, Marie Curie, soucieuse de garder son indépendance, refusera de suivre Armet de Lisle, lorsqu'il cherchera à créer une compagnie internationale du radium, la General Radium Production Company.

En contrepartie de leur aide, Armet de Lisle met à la disposition des Curie un laboratoire attenant à l'usine. Les étudiants y préparent le radium nécessaire à leurs recherches (ci-contre, on reconnaît, à droite, le dispositif utilisé par les Curie).

CRÈME
COLD-CREAM
POUR PEAUX SÈCHES
CRÈME
MAURESQUE
FOND DE TEINT
POUDRE
SAVON
LAIT DE TOILETTE
DÉMAQUILLANT
ROUGE A LÈVRES
DENTIFRICE
THO-RADIA
MÉTHODE
SCIENTIFIQUE
DE
BEAUTÉ
EN PHARMACIE EXCLUSIVEMENT

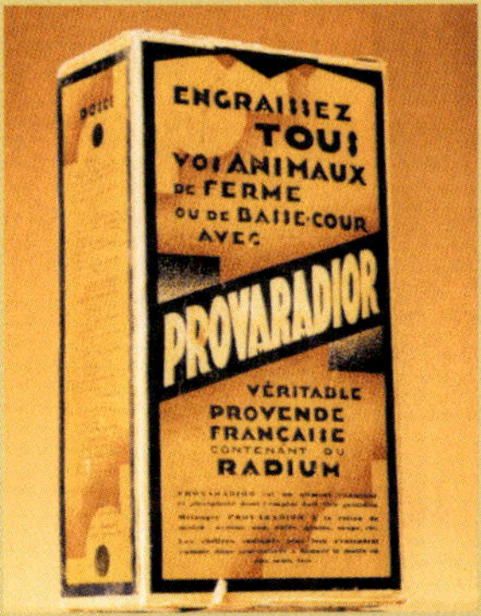

Dans les années 1920-1930, le radium, paré de toutes les vertus, fait fureur. Le marché est inondé, en France comme à l'étranger, de publicités (ci-contre et page de gauche) qui vantent sans aucune caution les vertus universelles du radium censé tout combattre, de la tuberculose aux rides, et promettent à ses consommateurs énergie, puissance sexuelle, fécondité, jouvence… On boit du thé additionné de radon, on incorpore des sels de thorium ou de radium dans les crèmes de beauté, les rouges à lèvres, les lotions, les aliments, les engrais… Pour donner une caution scientifique à leurs produits « miraculeux », certains fabricants n'hésitent pas à invoquer l'autorité des Curie, dont on imagine facilement la rage impuissante. Il fallut attendre Hiroshima pour que cesse cette folie collective, même si les effets nocifs du radium étaient déjà bien connus du monde médical depuis les années 1920.

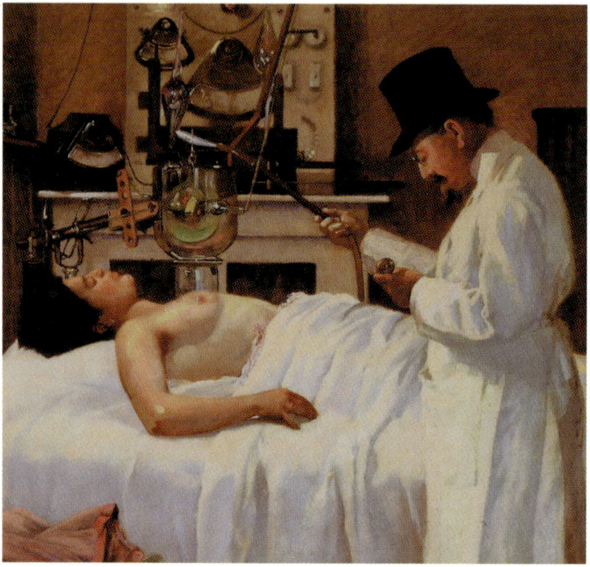

Sur ce tableau de 1908, le radiologiste Georges Chicotot s'est peint dans l'exercice de ses fonctions (blouse blanche, chapeau haut de forme), lors du traitement d'un cancer aux rayons X dans son cabinet. Les rayons X sont produits par des machines encombrantes impossibles à déplacer. Le rayonnement radioactif, lui, est d'un maniement plus léger. En effet, la substance radioactive peut être transportée soit dans des « aiguilles » si elle se présente sous forme de poudre, soit dans des ampoules de verre s'il s'agit de radon.

**Un nouveau traitement du cancer : la radioactivité**

En quelques années cette alliance, alors assez peu commune, entre la recherche universitaire et l'industrie allait se transformer en mariage à trois, avec l'arrivée d'un partenaire supplémentaire, la médecine. Hôpital, laboratoire, usine, une triade caractéristique de ce que sera la médecine un siècle plus tard.

C'est d'un laboratoire de biologie que viendront en 1906 les premières expérimentations systématiques donnant à l'utilisation du radium dans le traitement des cancers ses lettres de noblesse scientifique et transformant l'avenir du radium. Claudius Regaud a une formation de médecin, mais il s'est spécialisé en histologie (étude des tissus et des cellules chez les êtres vivants), science qu'il ambitionne de faire passer du stade descriptif au stade scientifique en y introduisant les méthodes de la physiologie et de la chimie à côté de l'étude clinique. Après avoir renouvelé les techniques d'observation au microscope, Regaud entreprend une étude détaillée de la spermatogenèse chez les mammifères. Durant l'hiver 1904-1905, il a connaissance d'études poursuivies en Allemagne sur les effets stérilisants des rayons X chez les lapins. Il entrevoit alors une analogie possible entre la production de spermatozoïdes chez les mammifères et le « développement discordant des cellules » dans les tumeurs cancéreuses. Cherchant à vérifier cette intuition, il établit en juillet 1906 l'importance du rôle que jouent dans les deux processus les « cellules souches », les plus indifférenciées, mais aussi les plus sensibles aux rayonnements.

Au début du XXe siècle, les protocoles de traitement au radium sont divers : application directe sur la peau (page de gauche, en bas) ou séjour en cabine isolée (ci-dessus), dans laquelle le patient inhale du gaz radon contenu dans un sparklet (cartouche de gaz utilisée pour le transport) et que l'opérateur laisse échapper dans la cabine à travers un judas.

C'est en 1906 également que se tient à Berlin une conférence réunissant les délégués gouvernementaux de treize pays, au cours de laquelle il est décidé d'une coordination internationale des efforts dans la lutte contre le cancer, officiellement qualifié de « fléau de l'humanité ».

**Une collaboration « arrangée »**

En 1909, Regaud entend parler d'un projet de création d'un institut conjoint Université de Paris-Institut Pasteur. En effet, l'Institut Pasteur a reçu, en 1907, un don très important (30 millions de francs-or) d'un richissime industriel, destiné à la construction d'un centre de traitement du cancer associé à un laboratoire de recherche. Le directeur de l'Institut Pasteur, Émile Roux, qui a très tôt perçu l'éventuel usage thérapeutique du radium, pense aussitôt à associer Marie Curie à cette entreprise. Mais l'Université de Paris, où Marie est professeur, ne l'entend pas de cette oreille : le recteur ne veut pas laisser échapper un des membres de son établissement titulaire d'un prix Nobel. D'autant que l'Université a déjà acquis un terrain, au coin des rues d'Ulm et Saint-Jacques, qu'elle destine à Marie Curie. Aussi le recteur propose-t-il à l'Institut Pasteur de construire « à frais communs » un laboratoire qui serait affecté à la fois à la recherche sur la radioactivité (placée sous la direction de Marie Curie) et à l'étude de ses applications médicales, et dont le directeur serait nommé par l'Institut Pasteur.

C'est à cette époque que Claudius Regaud écrit à Émile Roux pour lui proposer ses services comme chef du laboratoire associé à celui que dirigera Marie Curie. Bien qu'il se soit jusque-là intéressé principalement aux effets des rayons X sur les tissus, il envisage maintenant, à la suite de ses recherches de 1906, de remplacer les rayons X par le radon. Regaud est nommé en décembre. En 1913, bien que les travaux entamés en 1911 soient loin d'être achevés

Claudius Regaud (1870-1940 ; ci-dessous) est le premier à comprendre qu'il convient d'identifier et de maîtriser les facteurs physiques de l'irradiation (temps et intensité de l'exposition, nature de la source, etc.) et de mesurer leurs effets biologiques, si l'on veut pouvoir un jour imaginer des stratégies rationnelles. Il remarque en particulier que les rayons γ, plus pénétrants que les rayons X, permettent d'atteindre des tumeurs profondes, sans provoquer de lésions de la peau.

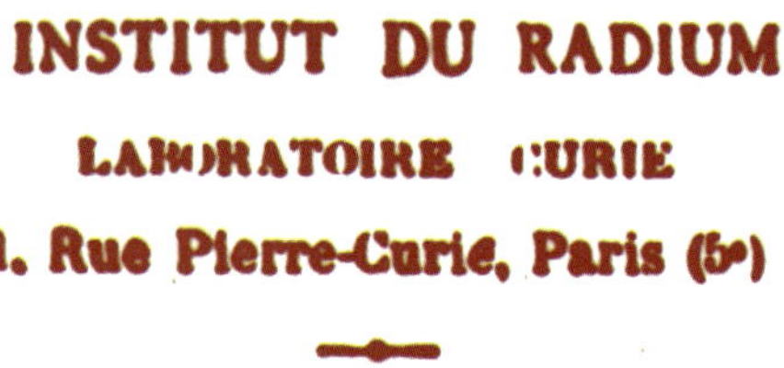

INSTITUT DU RADIUM

LABORATOIRE CURIE

1, Rue Pierre-Curie, Paris (5e)

(les physiciens emménageront à l'été de 1914, les biologistes « plus tard »...), Regaud s'installe dans son laboratoire de l'institut où il entreprend un travail avec André Debierne, l'adjoint et l'ami fidèle de Marie Curie (absente de Paris à la suite du scandale de l'« affaire Langevin »). Débute alors une collaboration arrangée par les ministères de tutelle des deux protagonistes, inaugurée en l'absence de l'un d'entre eux, mais qui devait se révéler, après la guerre, d'une extrême efficacité.

Marie Curie (ci-dessus, dans son « labo » rue Cuvier, après la mort de Pierre) citait souvent Pasteur, pour qui les laboratoires étaient des « demeures sacrées » où l'humanité « grandit, se fortifie et devient meilleure »...

## Le choix d'une unité de mesure et d'un étalon

Dans ses attendus, le comité Nobel qui avait décerné à Marie Curie son second prix notait qu'elle et Debierne étaient à l'origine d'une nouvelle discipline scientifique, liée à l'utilisation du radium dans la lutte contre le cancer: la radiothérapie (aussi appelée radiumthérapie, ou curiethérapie). Le travail qu'effectuent Regaud et Debierne en 1913, avant même l'achèvement du futur Institut du radium, est fondamental pour le développement de cette nouvelle discipline. Il a trait au choix de l'unité dans laquelle doit être mesurée la quantité de rayonnement radioactif émis par une source. Il va de soi que biologistes et physiciens ne peuvent travailler de concert que si cette quantité est mesurée avec la même unité et selon des protocoles parfaitement définis. Alors que, pour les physiciens, ce qui compte, c'est l'intensité de l'ensemble des trois rayonnements $\alpha$, $\beta$, $\gamma$ qui constituent le rayonnement radioactif, les médecins, eux, ne sont intéressés que par le

Marie Curie suit la construction du laboratoire de l'Institut du radium dans les moindres détails. En pleine guerre, en 1916, elle commande aux Pépinières Croux à Chatenay, « six buddleyas variabilis magnifica, six ceanothus delilianus, six hibiscus, six lilas, quatre rosiers tiges, trois glycines violettes en grands pots, deux rosiers grimpants » pour fleurir le jardin qu'elle a fait aménager entre les deux pavillons (ci-dessus, Marie et ses deux filles sur la terrasse de l'Institut du radium en 1918).

L'Institut du radium (ci-contre, le bureau de Marie Curie) est achevé en 1914. Sur cette photo de 1922 (ci-dessous) on voit, à gauche, le pavillon Curie, à droite, le pavillon Pasteur et, au centre, le pavillon des Sources. Tout ceci a été obtenu de haute lutte comme le rappelle Marie Curie en 1920 : « J'ai réussi, dans des conditions particulièrement pénibles, à mener à bien la nouvelle installation [...] afin que tout fût prêt pour le moment où le travail régulier reprendrait après la démobilisation. En même temps, je fis de mon laboratoire un centre pour le service radiologique pour les hôpitaux des armées. J'y ai encore créé un service d'émanation pour la radiumthérapie [...]. Toutes ces choses, j'ai dû les faire seule, sans personnel, aidée par le mécanicien de mon laboratoire qui a été malade une grande partie du temps et par M^lle^ Curie, ma fille aînée ».

rayonnement γ, celui qui pénètre dans les tissus – par ailleurs le seul que laisse passer le verre des ampoules dans lequel est enfermé le radon utilisé en cancérologie. D'où des ajustements nécessaires.

En outre, il importe que les laboratoires des différents pays engagés dans des recherches sur la radioactivité se réfèrent au même étalon de mesure. En 1910 s'est tenu à Bruxelles un congrès international au cours duquel a été confiée à Marie Curie la réalisation d'un étalon dont la masse serait de l'ordre de 20 milligrammes de radium métal. Ce congrès a également abordé la question des unités de mesure, et Marie Curie a imposé une unité adaptée à ses besoins, le « curie », défini comme « la quantité d'émanation [c'est-à-dire de radon] en équilibre avec un gramme de radium ». Toutefois, pour satisfaire les médecins et les biologistes avec lesquels elle s'apprête à collaborer, Marie Curie accepte que les comparaisons avec l'étalon se fassent par mesure des rayons γ émis.

Ce qui l'obligera, plus tard, à réorganiser la structure de son laboratoire pour y installer un nouveau service de mesures.

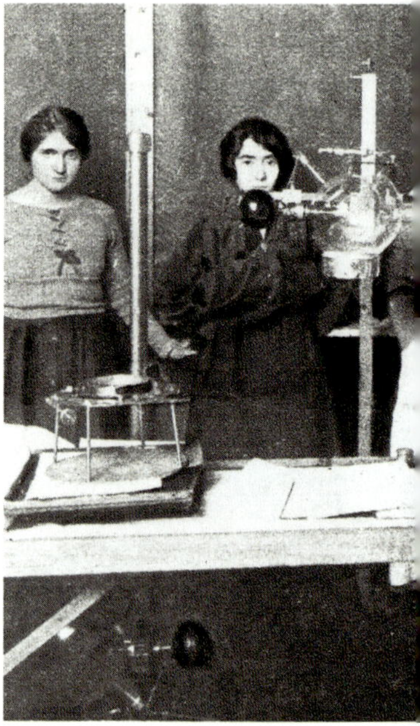

**La Grande Guerre**

La Première Guerre mondiale a évidemment infléchi les destinées de l'Institut du radium, à peine sorti de terre en 1914. Claudius Regaud est mobilisé; dès septembre 1914, il est nommé médecin chef de l'hôpital d'évacuation de Gérardmer dans les Vosges.

Quant à Marie Curie, de retour à Paris après avoir mis à l'abri « son » radium à Bordeaux, elle s'emploie à réaliser un projet auquel elle a songé dès les premiers jours du conflit. Connaissant l'état de dénuement des services de l'armée et le peu d'expérience des médecins militaires en matière de diagnostic aux rayons X, elle a imaginé de mettre sur pied un service ambulant de radiologie. En 1915, elle réussit, avec l'aide

En juillet 1916, Marie Curie obtient son permis de conduire et part sur le front au volant d'une voiture radiologique pour assister médecins et chirurgiens sur place.

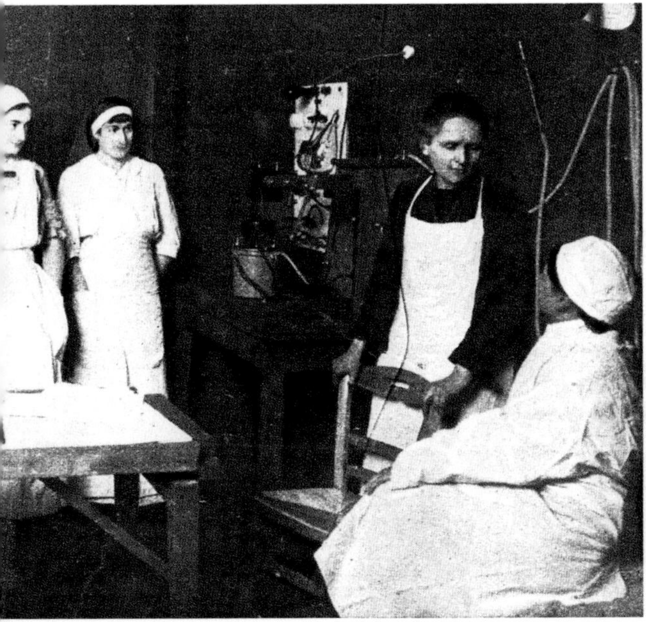

de la Croix-Rouge, à équiper de générateurs de rayons X une vingtaine de voitures, généreusement « prêtées » par des femmes du monde qu'elle a convaincues de « faire quelque chose pour nos soldats ». Conduites par des « civils » non mobilisés, dont elle-même, ces voitures arpentent le front dès l'année 1915, et même plus tard, quand le conflit se sera transformé en une guerre de tranchées. Les radiographies exécutées sur place permirent à bon nombre de chirurgiens, tout d'abord incrédules, d'extraire rapidement et sans hésiter des projectiles préalablement repérés à l'aide de ces « rayons X sur deux roues ».

C'est en 1916, au ministère de la Guerre, que se situe la véritable rencontre entre Marie Curie et Claudius Regaud. Tous deux éprouvés par les horreurs de la guerre, tous deux convaincus par leur expérience sur le front de la nécessité pour la médecine et la science de marcher main dans la main, ils discutent de leur future collaboration

“Des vingt voitures qu'elle met en service, Marie en conserve une pour son usage personnel : une Renault à nez plat, carrossée comme un camion de livraison. Roulant sur ce char, dont la caisse d'un gris réglementaire s'orne d'une croix rouge et d'un drapeau français peint à même la tôle, elle mène une vie d'aventurier, de grand capitaine [...]. Après des arrêts, des palabres avec des sentinelles méfiantes, apparaît l'hôpital. Marie choisit rapidement une pièce comme salle de radiologie... Le triste défilé commence. On apporte, l'une après l'autre, les civières chargées de corps qui souffrent. Marie règle l'appareil braqué sur les chairs déchirées, afin d'obtenir une vision nette. Les os, les organes, montrent leurs silhouettes, et parmi eux, apparaît un fragment opaque : la balle, l'éclat d'obus. Dix blessés, cinquante blessés, cent blessés... Des heures passent, et parfois des jours. Tant qu'il reste des patients, Marie reste... Avant de quitter l'hôpital, elle étudie le moyen d'y installer un poste de radiologie fixe.”

Ève Curie

Marie Curie relatera son expérience du front dans *La Radiologie et la guerre*, édité en 1922 (à gauche).

au sein de l'Institut du radium, que d'autres (l'Université, l'Institut Pasteur), autrefois, avant 1914, ont décidée pour eux mais que l'expérience de la guerre a transformée en désir de bâtir une œuvre commune. Regaud, médecin de formation qui n'avait pas exercé dans un service hospitalier jusqu'en 1914, modifie sa conception de la section « Biologie »

du futur Institut et décide d'y inclure un service de soins. L'armistice à peine signé, Claudius Regaud et Marie Curie s'attellent à la rédaction conjointe d'un ensemble de propositions « concernant l'extension des services de l'Institut du radium ».

Marie Curie emmena sur le front avec elle sa fille Irène, alors âgée de 18 ans, et l'initia au maniement des appareils radiologiques (ci-dessus, à gauche, en 1917, à l'hôpital de Hoogstade).

### Du dispensaire à l'« hôpital Curie »

Désormais Claudius Regaud et Marie Curie travaillent ensemble, à la réalisation du même « rêve humanitaire et scientifique » évoqué par Pierre Curie, vingt-cinq ans auparavant : vaincre le cancer grâce à « l'alliance d'une science humaniste

et d'une médecine scientifique » (Claudius Regaud). Afin de réaliser ce programme, ils demandent et obtiennent la création d'une fondation, la Fondation Curie, qui, à côté des laboratoires de recherche de l'Institut du radium, et afin d'assurer leur bon fonctionnement, financerait à la fois une usine (inaugurée en 1930 à Arcueil) et un dispensaire, situé 26, rue d'Ulm, sur un terrain mis à disposition de la fondation par l'Université de Paris, où serait pratiquée la radiumthérapie. Ce dispensaire, inauguré le 26 décembre 1923, est l'embryon de ce qui allait devenir l'un des

Les « petites Curie », (ci-dessus, de retour du front, dans la cour des Invalides) sont la contribution la plus spectaculaire de Marie Curie à l'effort de guerre; elles ne doivent pas faire oublier la création d'une « école des manipulatrices » où Marie Curie forma plus de cent cinquante techniciennes des rayons X.

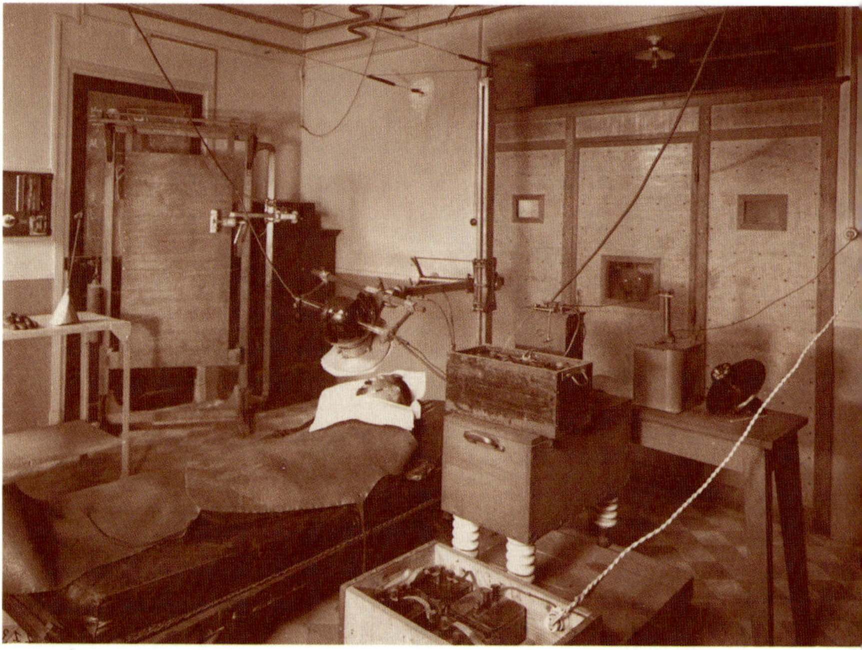

principaux centres européens de traitement du cancer, l'hôpital Curie. Si on compare la souplesse de ce mécénat à la lourdeur du financement des laboratoires universitaires, on ne peut qu'admirer la modernité de conception de la Fondation Curie, fondation privée reconnue d'utilité publique, habilitée à recevoir des dons – et l'on sait que Marie Curie, jouant sur son statut de femme d'exception et portée par une audace peu commune, était passée maître dans l'art de trouver des donateurs : le baron Henri de Rothschild, mécène initial, le collectionneur David David-Weill et la banque Lazard, les femmes américaines, les fondations Carnegie et Rockefeller, etc.

Cette salle de radiothérapie du dispensaire a été installée par Regaud dans le pavillon Pasteur de l'Institut du radium en 1920 (ci-dessus). On mesure le chemin parcouru depuis Chicotot : finis les traitements en appartement ; la médecine est devenue « scientifique ». Simultanément l'hôpital connaît une mutation sociale importante : le patient n'est plus soigné uniquement par le médecin, mais aussi par un personnel technique qualifié (double page suivante).

### La recherche fondamentale

En dépit de cette agitation, Marie Curie maintient le cap qu'elle s'était fixé avec Pierre : construire un laboratoire où la physique soit au service de la médecine, fabriquant des sources étalonnées envoyées dans le monde entier, entretenant des liens étroits avec l'industrie (elle dirige l'usine d'Arcueil), certes; mais sans oublier la recherche fondamentale.

Dans la période 1920-1930, Marie Curie gère « son » laboratoire avec un esprit pratique que l'on trouve rarement chez les universitaires et qui lui vaut l'admiration de certains de ses collègues, un peu surpris qu'une femme puisse faire aussi bien – au point même de ne pas trouver les mots pour le dire, tel Jean Perrin s'émerveillant de ce qu'elle soit « le plus grand directeur de laboratoire [qu'il] connaisse ». Elle se comporte en véritable chef d'entreprise, discutant pied à pied avec l'administration et les fournisseurs; elle se montre dure en affaires. En même temps, elle assume son rôle de directeur de recherches, choisissant des sujets pour les étudiants, mettant sur pied des séminaires.

À cette époque, son laboratoire ressemble plus aux laboratoires anglais ou allemands qu'à l'ensemble des laboratoires français. De 1920 à 1940 sortira du laboratoire Curie un cinquième des articles publiés pendant cette période par les laboratoires parisiens.

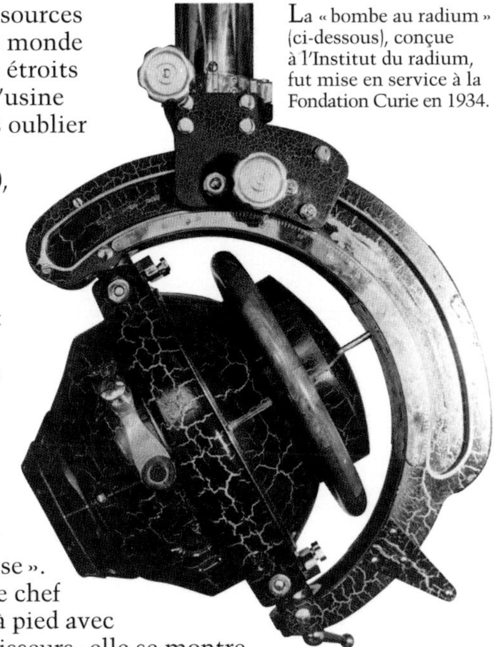

La « bombe au radium » (ci-dessous), conçue à l'Institut du radium, fut mise en service à la Fondation Curie en 1934.

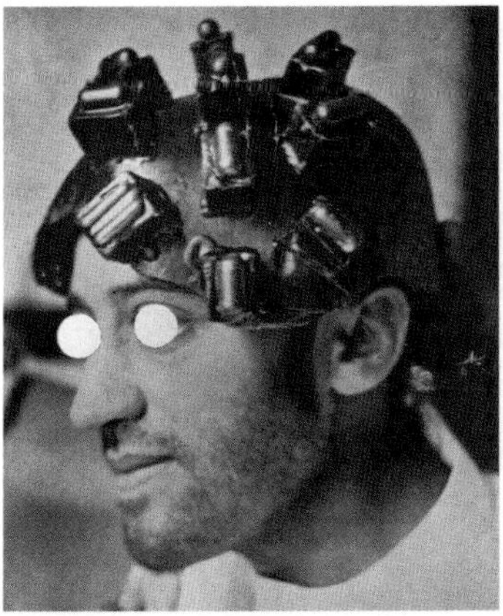

Véritable innovation technologique, c'est un appareil de « télécuriethérapie » : la source est placée à distance (10 à 15 cm) du patient, permettant une meilleure répartition du rayonnement (mais nécessitant de lourdes protections de plomb). Le mot « bombe » fait référence à la grande puissance de l'appareil qui contient jusqu'à près d'un gramme de radium (à comparer aux milligrammes contenus dans les aiguilles). À gauche, appareil moulé pour le traitement, également à distance, d'un cancer du cerveau, dans les années 1920.

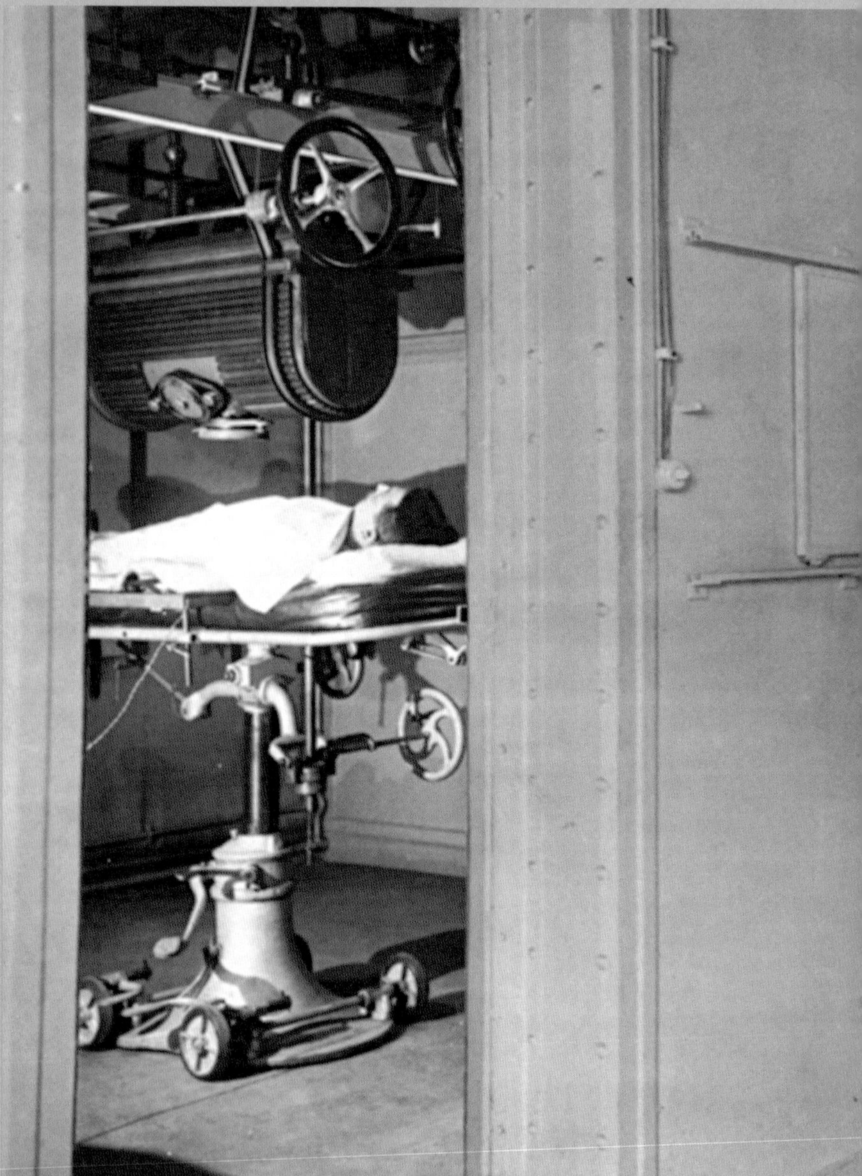

Marie Curie innove tout particulièrement dans le choix et le recrutement de ses collaborateurs et étudiants. Alors que dans la plupart des laboratoires les doctorants ne sont pas payés, Marie Curie s'efforce de leur trouver des sources de financement (en général des bourses, souvent américaines, telles les bourses Curie-Carnegie). À ses yeux, il est clair que l'État se doit de prendre en charge les frais de la recherche scientifique, y compris les salaires des chercheurs, qu'elle dépeint comme des héros désintéressés auxquels il convient de donner les moyens de vivre à l'abri des soucis matériels. Mais si l'État se montre défaillant, elle n'hésite pas à sonner à la porte de ceux qui ont de l'argent.

Par ailleurs, son recrutement est plus large qu'ailleurs. Se souvenant qu'elle a été une étrangère à Paris, elle accueille beaucoup d'étrangers, qu'ils soient italiens, roumains, portugais, polonais évidemment, russes, serbes ou même japonais.

Fait rare à cette époque, Marie Curie ouvre les portes de son laboratoire aux jeunes filles. On peut même parler à cet égard d'un véritable réseau de femmes scientifiques, certaines de ses étudiantes, une fois revenues dans leur pays, formant elles-mêmes des étudiantes qu'elles envoient compléter leur formation à Paris... Quand on considère ce flux quasi constant de jeunes filles venues travailler auprès de Marie Curie, leur contribution active au développement de la radioactivité et les ramifications internationales qu'elles ont tissées, force est de constater que cet épisode est resté unique dans l'histoire de la recherche.

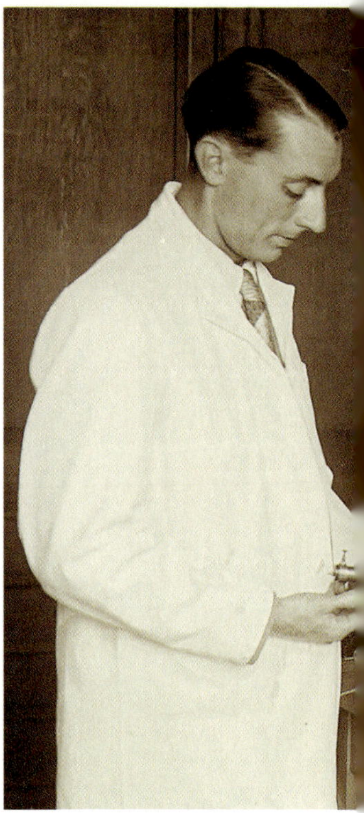

En 1926, Frédéric Joliot et Irène (ci-dessus) se marièrent, au grand étonnement de leurs collègues et de Marie Curie elle-même. Ils étaient de caractères très différents. Lui enjoué, enthousiaste et charmeur, elle réservée, sérieuse, mesurée, un peu triste même. Mais ils avaient en commun la passion de la recherche.

## Frédéric Joliot, la relève

Irène Curie entre en 1923 au laboratoire de sa mère pour y effectuer un travail de thèse sur les rayons $\alpha$ produits par le polonium. Cet élément présente la particularité d'émettre un rayonnement radioactif constitué uniquement de particules $\alpha$ – ce qui en fait une source de particules pouvant servir à

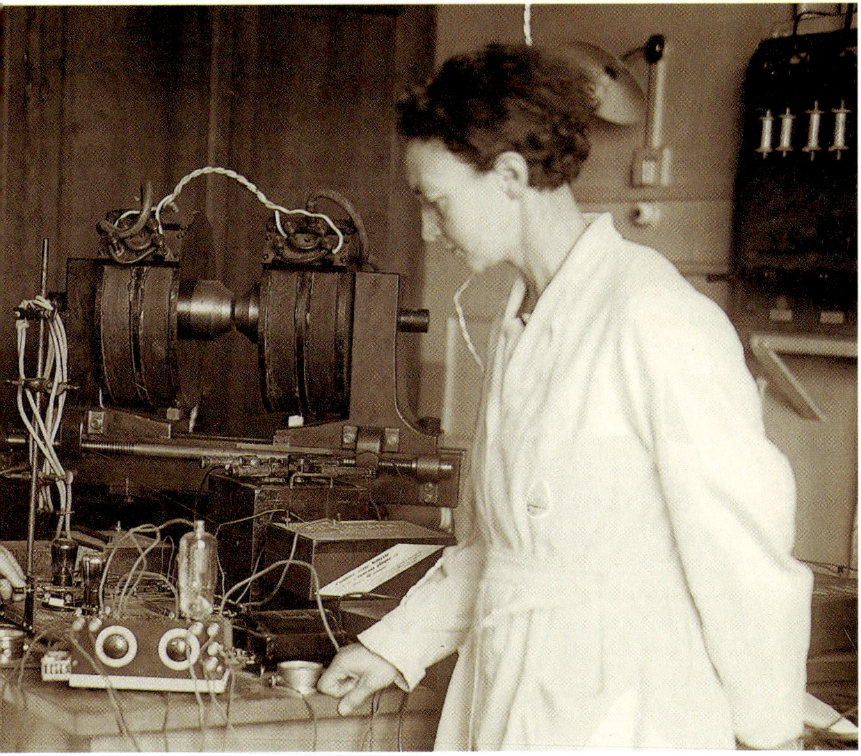

bombarder la matière. Or le bombardement du noyau par des particules (particules α et, plus tard, neutrons) est en passe de devenir l'outil privilégié d'une discipline elle-même en train de naître : la physique nucléaire.

En 1925, Marie Curie embauche un jeune physicien qui lui a été recommandé par Paul Langevin : Frédéric Joliot. Si le laboratoire est encore très actif, le dynamisme n'en est plus la qualité première – surtout en comparaison des laboratoires britanniques et allemands. Essentiellement parce que sa « patronne » n'a plus la force de le diriger : elle ressent de plus en plus les effets de la maladie qui finira par l'emporter. Elle cache à son entourage les malaises dont elle souffre. Pas uniquement par fierté.

“ Sous son aspect froid, oubliant parfois de dire bonjour, elle [Irène] ne créait pas toujours autour d'elle, au labo, de la sympathie [...] En l'observant, j'ai découvert dans cette jeune fille [...] un être extraordinaire de sensibilité et de poésie, et qui, par de nombreux côtés, donnait comme un exemple de ce qu'avait été son père.”

Frédéric Joliot

Par deux fois, Marie Curie ira chercher du radium aux États-Unis. En 1929, elle reçoit des mains du président Hoover (page de gauche) un gramme de radium pour l'institut de Varsovie qu'elle a fondé avec l'aide de sa sœur Bronya. Mais le voyage le plus médiatisé reste celui de 1921. Au mois de mai, Marie et ses deux filles embarquent pour New York (ci-contre, en haut, l'arrivée) à l'initiative de la journaliste américaine Mary Meloney (ci-contre, en bas, avec, à partir de la gauche, Irène, Marie et Ève). Ayant appris au cours d'une interview que la physicienne ne possédait pas assez de radium pour ses recherches, la journaliste décide de rassembler la somme nécessaire à l'achat d'un gramme. De retour aux États-Unis, elle organise une vaste campagne à travers le pays pour collecter 100 000 dollars – somme colossale pour l'époque – auprès des femmes américaines. En échange, elle demande à Marie de venir chercher elle-même le radium au terme d'une tournée de conférences et de remises de diplômes dans différentes villes américaines. C'est le président Harding en personne qui lui remit le coffret contenant la précieuse substance.

Mais aussi parce qu'elle n'arrive pas à accepter que la radioactivité puisse être dangereuse. Elle n'est d'ailleurs pas la seule à être malade ; la vie a douloureusement marqué certains de ses collaborateurs. En particulier Debierne, l'ami de toujours, qui n'est plus que l'ombre de lui-même : quatre années dans les tranchées l'ont transformé en solitaire farouche, enfermé dans sa pièce, n'adressant plus la parole à qui que ce soit. De fait, le laboratoire Curie aurait besoin qu'une personnalité jeune et charismatique en prenne la direction. Mais la structure du laboratoire est telle que Marie Curie n'a pas de successeur désigné : la plupart des jeunes gens brillants qui y ont été formés sont repartis dans leur pays, où ils dirigent à leur tour des laboratoires. L'arrivée de Frédéric Joliot (que Langevin a peut-être dépêché à sa vieille amie dans cette intention) va tout changer.

Après s'être initié aux diverses techniques du laboratoire, Joliot se lance dans un programme radicalement nouveau d'étude du noyau par bombardement – au grand étonnement des vieux collaborateurs, qui pensent qu'en matière de radioactivité le progrès consiste dorénavant à ajouter quelques décimales aux résultats déjà obtenus. D'abord surprise, Marie Curie le soutient – d'autant qu'Irène, en qui elle a une grande confiance, et Joliot sont entre-temps passés devant le maire. À la fin de l'année 1931, Frédéric et Irène

Zgon Marji

Marie Curie avouait elle-même ne pas pouvoir vivre en dehors de son laboratoire. Elle arrivait la première le matin et l'une de ses élèves raconte qu'un jour elle resta jusqu'à plus de deux heures du matin, attendant un précipité d'actinium qui ne voulait pas « venir ». Ci-dessus, Marie, en 1928, assise à côté d'Irène devant ses collaborateurs : Joliot, Laporte, Holweck et Debierne.

# UN DEUIL POUR L'HUMANITÉ

# Mme PIERRE CURIE EST MORTE

Ève Curie vécut quai de Béthune avec sa mère durant les dernières années de sa vie. Dans la biographie qu'elle lui a consacrée, elle raconte comment elle la trouvait encore éveillée à trois heures du matin : « Elle [Ève] traverse le couloir et pousse la porte… Le spectacle est, chaque soir, le même. Mme Curie, entourée de papiers, de règles à calcul, de brochures, est assise par terre, sur le plancher. Elle n'a jamais pu s'habituer à travailler devant un bureau, installée dans un fauteuil, selon la tradition des penseurs. Il lui faut une place illimitée pour étaler ses documents, ses feuilles de courbes. Elle est absorbée dans un calcul théorique difficile et bien qu'elle ait perçu le retour de sa fille, elle ne relève pas la tête. Elle a les sourcils froncés, le visage préoccupé. Un cahier est sur ses genoux. Au crayon, elle y griffonne des signes, des formules. De ses lèvres s'échappe un murmure. Marie Curie énonce à mi-voix des chiffres, des nombres. Et, comme il y a soixante ans […] [elle] compte en polonais. »

## Curie-Skłodowskiej

Joliot font des observations décisives, dont ils ne tirent malheureusement pas les conséquences ; ils sont « doublés » par le physicien anglais Chadwick, à qui revient la gloire d'avoir découvert le neutron. En 1933, les Joliot ratent de nouveau de peu une autre découverte, celle des « électrons positifs ». En 1934, enfin, ils font faire à la physique une avancée majeure en découvrant la radioactivité artificielle (un corps initialement non radioactif se transforme en corps radioactif lorsqu'il est bombardé par des particules $\alpha$), ce qui leur vaudra le prix Nobel de physique en 1935. Avant de mourir le 4 juillet 1934, Marie Curie, malade, aura eu le temps de prendre connaissance de la découverte réalisée par sa fille et son gendre, dont elle comprit toute l'importance.

Dans le monde entier, on enseigne aux enfants la légende dorée de Marie Curie, cette Sainte Vierge de la science, présentée comme un modèle (inaccessible) aux filles, que l'École a le devoir d'émanciper. Mais croit-on vraiment que les jeunes filles sont susceptibles de s'identifier à une telle image ? Pourquoi la légende ne met-elle pas en scène Marie Curie, telle qu'elle était à 30 ans, lorsqu'elle découvrit la radioactivité ?

**CHAPITRE 4**

# LE MYTHE

Marie Curie est devenue un mythe. Elle symbolise la possibilité, récente et fragile, pour les femmes d'accéder au Panthéon des Grands Hommes (ci-contre, la façade du Panthéon à l'occasion de la Journée de la femme en 2002). Comme beaucoup de mythes, celui-ci est une réponse à une interrogation qui, parce qu'elle est formulée en termes essentialistes, prend la forme d'une contradiction : comment peut-on *être* à la fois femme et savante ?

### Dure et exigeante comme la science elle-même

Sur les photographies les plus communément reproduites, Marie Curie apparaît vêtue d'une simple robe noire, les cheveux rassemblés en un strict chignon, les traits tirés, le visage émacié. Du coup on oublie qu'elle fut une femme de chair et de sang. Asexuée, insensible et impassible, Marie Curie n'est plus elle-même; elle est l'allégorie de la science, l'incarnation de l'idée que l'on s'en fait : dure, austère, rigoureuse, exigeante. « Ô mathématiques sévères… » s'exclamait déjà Lautréamont au XIXe siècle. Même son regard, ce regard étonnamment perçant qu'elle a gardé toute sa vie (il paraît que les yeux ne vieillissent pas), droit, aiguisé comme une lame de couteau, apparaît comme une métaphore de ces sciences que l'on dit « dures ».

Pourquoi ne représente-on donc pas la science sous les traits d'une jeune femme avenante, délurée et décidée, poursuivant son chemin sans se soucier du qu'en-dira-t-on, sachant s'imposer dans un monde d'hommes, aimant plaire, heureuse ? Une réponse se présente immédiatement à l'esprit : parce que la science est une chose sérieuse, dont les officiants se doivent d'être des individus sérieux, responsables et posés; or la figure de la jeune femme, dans nos sociétés, conserve quelque chose de sa proximité avec celle de la jeune fille : elle est légère, irresponsable, frivole. Marie Curie, qui est entrée dans la légende parce qu'elle était une femme de science, pour y tenir le rôle de l'exception qui fait oublier la règle, ou de l'arbre qui cache l'absence de forêt, ne peut être qu'une femme sérieuse et responsable. Qu'elle ait été veuve assez jeune semble à cet égard offrir de solides garanties; que ses traits sur les clichés manifestent une constante tristesse ne gâte rien. Et voilà comment on a oublié que Marie Curie a été enfant, a grandi, rêvé, souffert dans son âme et dans son corps.

Le 17 septembre 1894, Pierre Curie écrit à Marie : « J'ai montré votre photographie à mon frère. Ai-je eu tort ? Il vous trouve très bien. Il a ajouté : "Elle a l'air décidé et même têtu." » Pierre est tellement amoureux qu'il lui fait une proposition qu'Ève Curie, dans *Madame Curie*, juge « extravagante » : louer à deux « un appartement rue Mouffetard, avec fenêtres donnant sur des jardins, appartement qui peut se diviser en deux parties indépendantes ». Ci-dessus, Marie, sur le balcon de l'appartement de sa sœur Bronya à Paris, en 1892.

## Le refus de « se tenir à sa place »

Que Marie Curie ait aimé, la légende dorée ne le cache pas; une image pieuse nous la présente, aux côtés de son mari Pierre dans leur hangar, l'un et l'autre tendus vers un unique but: arracher à la nature ses secrets les plus enfouis. Ce que la légende ne raconte pas – comme si, dans la représentation mythique des savants, les événements de leur vie personnelle se situaient dans un autre monde, ou comme si l'ardeur mise à décrypter la nature devait les protéger des effets du deuil –, c'est l'intensité physique de la douleur de Marie. Ce dont son journal intime, commencé onze jours après la mort de Pierre et accessible depuis 1990, permet en revanche de prendre la mesure: « Cher Pierre que je ne verrai plus jamais ici, je veux te parler dans le silence de ce laboratoire, où je n'aurais jamais pensé devoir vivre sans toi. »

L'été 1896, Pierre et Marie parcoururent l'Auvergne à bicyclette (ci-dessous). Marie écrira plus tard: « Un souvenir radieux m'est resté d'une journée de soleil où, après une montée longue et pénible, nous traversâmes la prairie verte et fraîche de l'Aubrac, dans l'air pur des hauts plateaux... Un autre souvenir vivant est celui d'un soir où, attardés au crépuscule dans la gorge de la Truyère [...] Ayant bien mal prévu nos étapes, nous n'avons pu regagner notre logis avant l'aube. »

Photos d'une Marie Curie élégante « volées » dans la rue par des paparazzi quelques jours avant le vote à l'Académie des sciences en janvier 1911. Marie Curie est alors au centre d'une vive polémique entre ceux qui pensent que « le cerveau n'a pas de sexe » et ceux et celles qui pensent qu'une femme ne doit pas chercher à « être l'égale des hommes ».

La légende a longtemps caché (mais c'était un secret de Polichinelle) que, quatre ans après la mort de Pierre, Marie Curie eut une liaison avec Paul Langevin, l'élève et l'ami de Pierre. Liaison dangereuse, qui s'est achevée dans le drame après avoir donné l'occasion à ce que la France comptait de plus mesquinement xénophobe de s'exprimer avec la vulgarité que l'on imagine.

Tout le monde savait, *dixit* Einstein, ami de Langevin et de Marie Curie, que Paul Langevin était malheureux en ménage : sa femme lui reprochait, entre autres, de ne pas gagner assez d'argent ; les disputes, parfois violentes, étaient continuelles. Très affecté par la mort de Pierre Curie, Langevin fut tout naturellement l'un de ceux qui entourèrent Marie en cette occasion, l'aidant à régler nombre de problèmes universitaires et administratifs. De fil en aiguille, Langevin en vint à se confier à elle, à lui raconter son propre malheur. Marie fut émue, elle se mit à passer de plus en plus de temps avec lui. Elle recommença à

sourire, à porter des robes claires. Bientôt, ils louèrent un petit appartement au quartier Latin. L'épouse de Langevin menaça alors Marie Curie de mort puis, s'étant emparée par effraction de lettres échangées entre son mari et « la Polonaise », menaça de faire un scandale – qu'elle finit par faire au bout d'un an.

Le 23 novembre 1911, *L'Œuvre*, hebdomadaire anarchiste de droite, antisémite et xénophobe, publiait les fameuses lettres, accompagnées d'un éditorial intitulé « Pour une Mère », appelant à venger l'affront fait à une mère française (les Langevin avaient quatre enfants) par « une fatale étudiante [...] venue tout exprès pour assister à la découverte du radium »... et envoûter un de « nos » savants. Très vite, l'« affaire » prend de l'ampleur : Marie Curie est obligée de se réfugier chez des amis sous les huées des badauds. Pis, le comité Nobel, qui avait décidé de décerner, exceptionnellement, à Marie Curie un second prix, suggère de suspendre la cérémonie de remise des prix en présence du roi de Suède. Cette goujaterie a au moins le mérite de redonner à Marie Curie un peu de sa pugnacité ; elle répond vertement que le prix lui a été attribué pour ses travaux scientifiques qui, estime-t-elle, n'ont aucun rapport avec les faits de sa vie privée. Elle ira donc à Stockholm.

On remarquera que, dans cette « affaire », la « faute » est entièrement à la charge de Marie Curie : personne ne trouve à redire à l'attitude de Langevin. Marie, elle, a commis aux yeux de la société un délit, qui n'est pas celui dont l'accusaient les journaux, détruire une famille, mais un autre, peut-être plus grave : ne pas s'être tenue à sa place. Sa place de femme et de lauréate du prix Nobel ; la combinaison

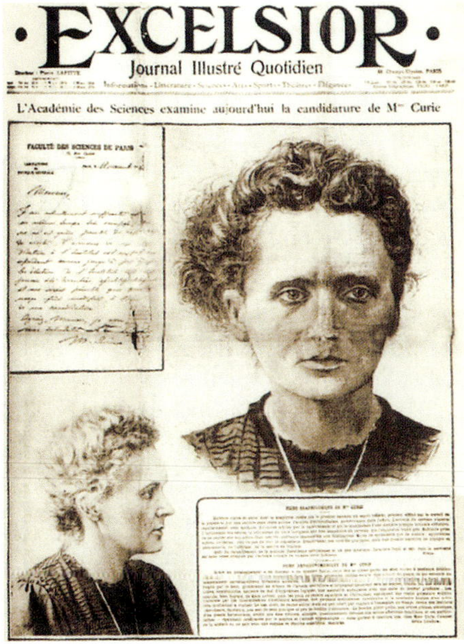
• EXCELSIOR •
Journal Illustré Quotidien
L'Académie des Sciences examine aujourd'hui la candidature de Mme Curie

Marie Curie qui, en 1903, n'était pas considérée comme une étrangère, car la France pouvait grâce à elle s'enorgueillir d'un prix Nobel, devient une « Polonaise » voire une « Juive » (son second prénom n'est-il pas Salomé ?), dès lors qu'elle a cessé de se conformer au rôle de vestale du temple de la Science qui lui a été assigné. Le 9 janvier 1911, la revue *Excelsior* propose à ses lecteurs une analyse graphologique et sociomorphologique de la physicienne (ci-dessus).

de ces deux attributs, jusqu'alors impensable (elle est la première femme prix Nobel), lui imposait d'être doublement « respectable ».

Or Marie Curie avait été habituée dans son enfance polonaise à ne pas respecter le traditionnel clivage entre hommes et femmes. Chez elle, en Pologne, les femmes avaient leur franc-parler; transgresser les règles sociales faisait partie de son identité de Polonaise en révolte. Elle a eu le tort de ne pas s'apercevoir (ou de ne pas vouloir voir) que la France n'était pas la Pologne.

**Marie Curie et le féminisme**

Pour autant, Marie Curie n'était pas féministe et a toujours refusé de se déclarer telle. Pas plus qu'elle n'a appartenu à un parti politique. Elle ne s'est départie de sa réserve qu'à une seule occasion, en 1912, lorsque la physicienne anglaise Herta Ayrton, chez qui elle séjournait pour se refaire une santé (Marie fut très malade de 1911 à 1913), lui demanda de signer une pétition réclamant la libération de trois femmes irlandaises en grève de la faim dans les prisons anglaises.

Marie Curie n'était pas féministe, car elle pensait être plus utile aux autres femmes en accomplissant son travail dans son laboratoire qu'en militant dans un mouvement quelconque. À y regarder de plus près, ce n'est pas tant par le résultat de son travail, autrement dit les découvertes qu'elle a effectuées, que Marie Curie a le plus contribué à l'avancement de la cause des femmes, que par le fait qu'elle s'est toujours appliqué à elle-même les critères qui régissent le monde des hommes.

En particulier, elle a toujours revendiqué sa part (rien que sa part, mais toute sa part) dans ces découvertes – sans aucun égard pour les susceptibilités masculines qu'elle pouvait éventuellement froisser ainsi. On voit bien quel préjugé était visé par cette manière d'exiger la reconnaissance de sa contribution : celui qui veut qu'une femme ne puisse accomplir d'exploits dans le domaine scientifique (ou plus

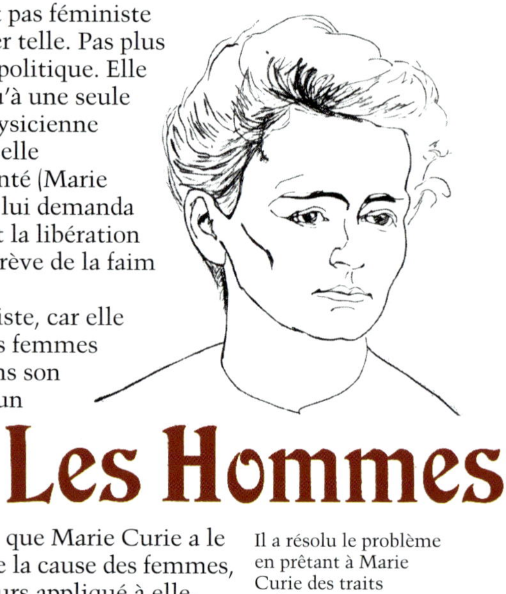


Jusqu'à la Première Guerre mondiale, les médias eurent beaucoup de mal à situer Marie Curie. Témoin, ce portrait paru en couverture du journal *Les Hommes du Jour* le 1er février 1910, où le dessinateur a visiblement été embarrassé par la commande qui lui a été passée.

Il a résolu le problème en prêtant à Marie Curie des traits androgynes sans rapport avec son apparence physique réelle.

généralement dans le domaine de la création) que si elle est aidée par, ou forme équipe avec, un ou plusieurs hommes. Préjugé qui prend souvent la forme insidieuse d'une rectification selon laquelle « s'il est faux de dire que les femmes ne sont pas faites pour la science, la vérité, c'est qu'elles ont besoin de l'aide d'un homme ; seules, elles n'y arriveraient pas. »

**du Jour**

De ce préjugé, Marie Curie avait eu particulièrement à souffrir. Après la découverte du radium en 1898, certains n'avaient pas manqué de se demander qui, de Marie et de Pierre Curie, était le « véritable inventeur » du radium. D'ailleurs, on a longtemps loué les qualités d'expérimentatrice de Marie Curie, ce qui permettait de suggérer que les idées ne venaient pas d'elle mais de son mari. Or les choses ne se sont pas passées ainsi : c'est elle qui a émis et énoncé « l'hypothèse d'après laquelle la radioactivité est une propriété atomique de la matière et peut fournir une méthode de recherche d'éléments nouveaux ». Pourtant, le soupçon aura la vie dure puisqu'en 1911, encore, l'université Harvard refusa d'accorder à Marie Curie

Après la guerre de 1914, la place de Marie Curie, femme isolée dans un monde d'hommes (comme, ici, au Conservatoire des arts et métiers en 1925 devant un auditoire majoritairement masculin), était devenue plus confortable : elle jouissait d'un statut d'exception désormais inattaquable. Ce qui lui permettait d'insister sur la part qui, dans ses travaux, lui revenait : « Le travail chimique qui avait pour but d'isoler le radium [...] a été effectué spécialement par moi [...]. La [radioactivité] est un enfant que j'ai vu naître et de toutes mes forces, contribué à élever ».

l'une de ses distinctions honorifiques au motif que « depuis la mort de son mari en 1906, Mme Curie n'[avait] rien fait d'important ». Opinion partagée par sir William Ramsay quand il déclara au *Daily Mail* que les femmes scientifiques éminentes « ont toujours accompli leurs meilleurs travaux en collaboration avec un collègue de sexe masculin ».

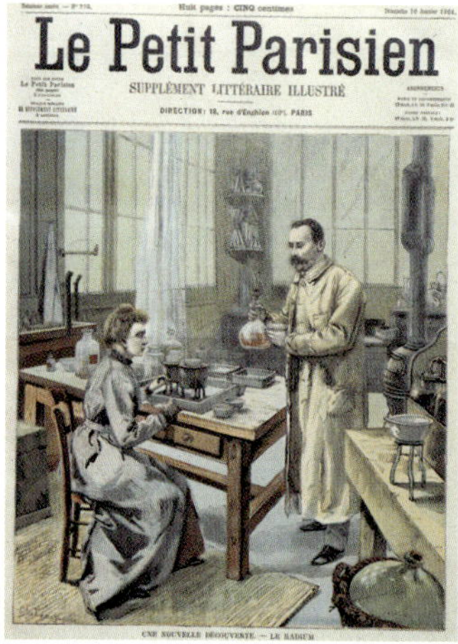


**Pierre et Marie, Marie et Pierre**

En précisant, à chaque occasion, ce qui est d'elle et ce qui est de Pierre, Marie Curie ne cherche pas à nier l'importance qu'il eut dans sa vie professionnelle. C'est grâce à l'attitude de Pierre que Marie est devenue ce qu'elle a été. En effet, la jeune étudiante brillante et tout entière dévouée à la science qu'elle était avant son mariage risquait fort, en se mariant, d'être obligée d'en rabattre sur ses ambitions. Si ce ne fut pas le cas, c'est parce que Pierre et elle surent établir des rapports très peu conventionnels pour l'époque qui lui laissaient suffisamment de temps et d'énergie à investir dans la recherche scientifique. Ils ne sont pas si nombreux les hommes qui refuseraient un prix Nobel si l'on « oubliait » leur femme – comme Pierre menaça de le faire en 1903.

Le fait que la découverte du radium ait été réalisée par un couple a joué un rôle non négligeable dans la constitution du mythe Marie Curie, comme en témoignent ces illustrations de 1904 (ci-dessus et ci-contre). Le mot radium, pour un certain temps, est devenu synonyme d'« amour ». Et pas seulement dans la presse populaire. Ainsi Aragon dans *Les Yeux d'Elsa* : « Tes yeux sont si profonds qu'en me penchant pour boire / J'ai vu tous les soleils y venir se mirer / [...] Cachent-ils des éclairs dans cette lavande où / Des insectes défont leurs amours violentes. / [...] J'ai retiré ce radium de la pechblende / Et j'ai brûlé mes doigts à ce feu défendu... »

Leur complicité intellectuelle fut telle qu'il est souvent difficile de faire la part des idées de Marie et celles venant de Pierre. C'est ensemble qu'ils ont dessiné leur « rêve scientifique ». Ainsi en va-t-il de l'idée revendiquée par Marie selon laquelle on est plus utile en travaillant à l'avancement de la science qu'en militant. Avant même leur mariage, Pierre écrivait : « De tous ces rêves-là, le dernier [le rêve scientifique] seul est, je crois, le plus légitime. Je veux dire par là que nous sommes impuissants à changer l'état social et, s'il n'en était pas ainsi, nous ne saurions que faire, et en agissant dans un sens quelconque nous ne serions jamais sûrs de ne pas faire plus de mal que de bien, en retardant une évolution inévitable. Au point de vue scientifique, au contraire, nous pouvons prétendre faire quelque chose : le terrain ici est plus solide et toute découverte, si petite soit-elle, reste acquise. »

Il en va de même de l'amour de la science et du désintéressement du savant, thèmes aujourd'hui éculés, mais enthousiasmants au début du XX$^{e}$ siècle. Marie ayant longuement survécu à Pierre, c'est elle qui eut l'occasion de mettre en œuvre ce « désintéressement » qui, il faut le souligner, ne concernait que la fortune personnelle et se traduisait au contraire par un intérêt vif et constant pour le financement de la recherche. Cette question a hanté Marie Curie toute sa vie. Pour elle, comme pour Pierre, il était clair que ce rôle de bailleur de fonds incombait en premier lieu aux pouvoirs publics : la société doit assurer à ceux qui sont au service de la science

En juin 1903, les Curie furent invités à Londres par la Royal Academy. Lord Kelvin, celui-là même qui avait affirmé en 1900 qu'en physique, il ne restait plus rien à découvrir, eut l'élégance de se montrer fort intéressé par les travaux du couple français qui acquit une certaine célébrité en Angleterre (ci-dessous, caricature intitulée *« Radium »* parue dans un numéro de *Vanity Fair* de 1904).

– pour le bien de la société (puisque le savant est, à titre personnel, désintéressé) – non seulement le vivre et le couvert, mais aussi les moyens matériels de leur activité.

Il est un domaine, cependant, dans lequel Marie Curie a fait preuve d'une réserve d'autant plus notable qu'elle n'était pas partagée par son entourage, en particulier par Paul Langevin, et plus tard par sa propre fille et son gendre Frédéric Joliot : celui de l'engagement politique, crucial pour les intellectuels européens du XXe siècle (que l'on songe à Einstein).

Il est étonnant que sur la question de la responsabilité collective des savants, elle soit restée en retrait, alors même que Pierre Curie avait tenu à cet égard des propos aussi lucides qu'optimistes dans le discours qu'il prononça en leurs deux noms à Stockholm en 1905 : « On peut concevoir que dans des mains criminelles le radium puisse devenir très dangereux, et ici on peut se demander si l'humanité a avantage à connaître les secrets de la nature, si elle est mûre pour en profiter ou si cette connaissance ne lui sera pas nuisible. L'exemple des découvertes de Nobel est caractéristique, les explosifs puissants ont permis aux hommes de faire des travaux admirables. Ils sont aussi un moyen terrible de destruction entre les mains des grands criminels qui entraînent les peuples vers la guerre. Je suis de ceux qui pensent avec Nobel que l'humanité tirera plus de bien que de mal des découvertes nouvelles. »

Quarante années plus tard, au terme d'une longue série d'avancées scientifiques et technologiques, deux bombes nucléaires explosaient sur Nagasaki et Hiroshima, tuant des centaines de milliers de personnes et exposant les survivants et leur descendance à des rayonnements nocifs. La radioactivité, ce « bel enfant » que Marie Curie avait choyé et qu'elle pensait avoir mis au service de l'humanité, était utilisée pour une entreprise de destruction massive. Il est heureux que ni Pierre, ni Marie Curie n'aient pu même imaginer un destin si funeste.

Après avoir lu *Madame Curie*, Einstein écrivit à Ève Curie : « Les liens de camaraderie que j'ai entretenus, pendant des années, avec cette femme admirable font partie de ce que j'ai connu de meilleur et de plus beau dans ma vie. Nous nous entendions tellement bien sur tout, et j'ai souvent eu le sentiment que ses liens avec la vie étaient plus profonds et plus sérieux que les miens. » Bien qu'Einstein se soit parfois plaint du caractère difficile de sa « camarade » lors de vacances avec leurs enfants respectifs, le fait est qu'entre eux régnait une profonde sympathie. Au contraire de Marie Curie, qui a toujours refusé de s'engager, Einstein décida (en 1919) de mettre sa gloire au service des causes politiques qui lui importaient : essentiellement, dans l'entre-deux-guerres, la paix et la lutte contre l'antisémitisme (puis le nazisme). Marie Curie, sur ce deuxième point, avait du mal à comprendre la vivacité des réactions d'Einstein. Page de droite, Marie Curie et Albert Einstein sur les bords du lac de Genève en 1922. Page suivante, Marie Curie à bord du paquebot *Olympic* lors de son retour des États-Unis, en 1930.

# TÉMOIGNAGES ET DOCUMENTS

# Pierre Curie

*Pierre Curie est moins célèbre que Marie. Probablement parce qu'il n'a pas vécu vieux. Pourtant, cet être marginal, esprit profond, exigeant et original fut un physicien de premier plan qui a travaillé dans de nombreux domaines en dehors de la radioactivité. Un principe fondamental de la physique, relatif à l'effet des symétries, porte son nom.*

## Un esprit lent, rêveur… entier

*Élevé à la maison, Pierre Curie reçut une éducation lacunaire dans certains domaines de la culture classique et au contraire très poussée dans les disciplines scientifiques. Dans la biographie de Pierre écrite à la suite de son voyage aux États-Unis en 1921, Marie fait son portrait intellectuel.*

Son esprit rêveur ne se soumettait pas à la réglementation de l'effort intellectuel imposé par l'école. La difficulté qu'il éprouvait à suivre ce régime était généralement attribuée à une certaine lenteur de l'esprit. Lui-même se croyait d'intelligence lente […]. Je crois pourtant que cette expression n'est pas entièrement justifiée ; il me semble plutôt que, dès son jeune âge, ses facultés mentales l'obligeaient à concentrer sa pensée sur un objet déterminé avec une grande intensité, jusqu'à obtenir un résultat précis – sans qu'il lui eût été possible d'interrompre et de modifier le cours de ses réflexions au gré des circonstances extérieures […]. Il est clair qu'un esprit de cette nature peut contenir en lui de grandes possibilités d'avenir, mais il est non moins évident qu'aucun système d'éducation n'a été prévu par l'école publique pour cette catégorie intellectuelle, qui cependant compte plus de représentants qu'on pourrait le croire à première vue.

Fort heureusement pour Pierre Curie, qui ne pouvait être, on le voit, un brillant élève, ses parents avaient une intelligence suffisamment éclairée pour se rendre compte de cette difficulté ; ils ne s'obstinèrent point à demander à leur fils un effort qui eût été préjudiciable à son développement […]. Il grandit en toute liberté, développant son goût pour les sciences naturelles dans des excursions à la campagne […]. Ces promenades […] contribuaient à éveiller en lui un grand amour de la nature, et jusqu'à la fin de sa vie il conserva cette passion.

Marie Curie,
*Pierre Curie*, Payot, 1923

## « Étourdir de grelots l'esprit qui veut penser »

*Pierre se sentait destiné à la recherche scientifique. L'impossibilité de se concentrer du fait des obligations de la vie courante était « une cause de souffrance et d'inquiétude ». Sous le titre « Un jour comme bien d'autres », il décrit l'une de ces journées « inutiles » dans une des rares notes autobiographiques qu'il ait rédigées.*

Pour que, faible comme je le suis, je ne laisse pas ma tête aller à tous les vents, cédant au moindre souffle qu'elle rencontre, il faudrait que tout fût immobile autour de moi ou que lancé comme une toupie qui ronfle, le mouvement même me rende insensible aux choses extérieures.

Lorsqu'en train de tourner lentement sur moi-même, j'essaye de me lancer, un rien, un mot, un récit, un journal, une visite m'arrêtent et peuvent reculer à jamais l'instant où, pourvu d'une vitesse suffisante, je pourrais malgré ce qui m'entoure, me concentrer en moi-même… Il nous faut manger, boire, dormir, paresser, aimer, toucher aux choses les plus douces de cette vie, et pourtant ne pas succomber ; il faut qu'en faisant tout cela, les pensées antinaturelles auxquelles on s'est voué restent dominantes et continuent leur cours impassible dans notre pauvre tête ; il faut faire de la vie un rêve et faire d'un rêve une réalité.

Pierre Curie, *ibidem*

### Première rencontre

*Dans sa biographie de Pierre, Marie décrit sa première rencontre avec lui.*

Quand j'entrai, Pierre Curie se tenait dans l'embrasure d'une porte-fenêtre donnant sur un balcon. Il me parut très jeune, bien qu'il fût alors âgé de 35 ans. J'ai été frappée par l'expression de son regard clair et par une légère apparence d'abandon dans sa haute stature. Sa parole un peu lente et réfléchie, sa simplicité, son sourire à la fois grave et jeune inspiraient confiance. Une conversation s'engagea entre nous, bientôt amicale ; elle avait pour objet des questions de sciences sur lesquelles j'étais heureuse de demander son avis, puis des questions d'intérêt social ou humanitaire, auxquelles nous nous intéressions tous deux. Il y avait entre sa conception des choses et la mienne, malgré la différence de nos pays d'origine, une parenté surprenante, attribuable, sans doute, en partie, à une certaine analogie dans l'atmosphère morale, au milieu de laquelle chacun de nous avait grandi dans sa famille.

Nous nous rencontrâmes de nouveau à la Société de Physique et au laboratoire ; puis il demanda à me rendre visite. J'habitais alors une chambre au sixième étage d'une maison dans le quartier des Écoles, et c'était un logement pauvre […]. Pierre Curie vint me voir avec une sympathie simple et sincèrepour ma vie de travailleuse. […] Bientôt il prit l'habitude de me parler de son rêve de vie consacrée entièrement à la recherche scientifique, et il me demanda de partager cette existence.

Marie Curie, *ibidem*

### « Les femmes de génie sont rares »

*Pierre, qui croyait le mariage incompatible avec une vie vouée à la science, comprend que Marie est une femme exceptionnelle « faite pour lui ». Et il n'aura de cesse durant près d'un an de lui démontrer, rencontre après rencontre, lettre après lettre, qu'un mariage serait la promesse d'un grand bonheur et d'une merveilleuse collaboration.*

Nous nous sommes promis (n'est-il pas vrai ?) d'avoir l'un pour l'autre au moins une grande amitié. Pourvu que vous ne changiez pas d'avis ! Car il n'y a pas de promesses qui tiennent ; ce sont des choses qui ne se commandent pas. Ce serait cependant une belle chose à laquelle je n'ose croire que de passer la vie l'un près de l'autre, hypnotisés dans nos rêves : votre rêve patriotique, notre rêve humanitaire et notre rêve scientifique. De tous ces rêves-là, le

dernier seul, est, je crois, légitime.
Je veux dire par là que nous sommes impuissants pour changer l'état social, et s'il n'en était pas ainsi, nous ne saurions que faire, et en agissant dans un sens quelconque, nous ne serions jamais sûrs de ne pas faire plus de mal que de bien, en retardant quelque évolution inévitable. Au point de vue scientifique, au contraire, nous pouvons prétendre faire quelque chose ; le terrain est ici plus solide et toute découverte, si petite qu'elle soit, reste acquise.

Lettre de Pierre à Marie,
*in* Ève Curie, *Madame Curie*, *op. cit.*

**« C'est la dissymétrie qui crée le phénomène »**

*Sa « lenteur » n'empêcha pas Pierre Curie de passer le baccalauréat et d'obtenir à 18 ans une licence ès sciences à la Sorbonne. Il étudie alors avec son frère Jacques la piézoélectricité, phénomène crucial dans l'élaboration de leur électromètre. Il entreprend simultanément des réflexions théoriques sur la symétrie. Le choix de ce sujet lui est inspiré par son goût pour les sciences naturelles et l'observation de la nature. En 1894, il énonce un principe d'une portée épistémologique considérable.*

« Lorsque certaines causes produisent certains effets, les éléments de symétrie des causes doivent se retrouver dans les effets produits. La réciproque n'est pas vraie, c'est-à-dire que les effets produits peuvent être plus symétriques que les causes » (*Journal de physique*).

Ou encore, de façon plus détaillée :
« Certains éléments de symétrie peuvent coexister avec certains phénomènes, mais ils ne sont pas nécessaires.
Ce qui est nécessaire, c'est que certains éléments de symétrie n'existent pas.

Pierre Curie en 1878.

C'est la dissymétrie qui crée le phénomène [...]. Lorsque certaines causes produisent certains effets, les éléments de symétrie des causes doivent se retrouver dans les effets produits.
Lorsque certains effets révèlent une certaine dissymétrie, cette dissymétrie doit se retrouver dans les causes qui lui ont donné naissance. La réciproque de ces deux propositions n'est pas vraie, au moins pratiquement, c'est-à-dire que les effets produits peuvent être plus symétriques que les causes [...]
Il n'est pas d'effet sans causes. Les effets ce sont les phénomènes qui nécessitent toujours, pour se produire, une certaine dissymétrie. Si cette dissymétrie n'existe pas, le phénomène est impossible. Ceci nous empêche souvent de nous égarer à la recherche de phénomènes irréalisables. »

Pierre Curie,
*Œuvres complètes*,
Édition des Archives contemporaines, 1995

**Une certaine curiosité pour le paranormal**

*Eusapia Palladino, célèbre médium italienne du début du XXe siècle qui parcourait le monde en « établissant des contacts entre le monde des vivants et celui des morts », attirait particulièrement les savants qui avaient formé un Groupe d'études des phénomènes psychiques et un Institut général psychologique dont faisaient partie Bergson, Flammarion ainsi que les Curie…*

[…] Nous avons eu à la Société de psychologie quelques séances avec le médium Eusapia Palladino. C'était fort intéressant, et véritablement ces phénomènes que nous avons vus nous paraissent inexplicables par des supercheries – tables soulevées de quatre pieds, apports d'objets éloignés, mains qui vous pincent et vous caressent, apparitions lumineuses. Le tout dans un local préparé par nous avec un petit nombre de spectateurs tous connus et sans compère possible. Si certains phénomènes existent réellement, on se demande comment aborder l'étude d'une façon méthodique. Puis il n'est pas commode de faire des expériences. J'ai voulu voir si l'air était ionisé autour du médium. Le bruit d'un petit ventilateur qui aspirait l'air a suffi pour incommoder le médium et l'empêcher de travailler. Une autre difficulté provient de ce que le médium essaye de tricher, même s'il sait produire certains phénomènes, parce que cela le fatigue moins. […]

Lettre de Pierre Curie à Georges Gouy du 24 juillet 1905

**« Un admirable éveilleur d'esprits »**

*La mort brutale de Pierre Curie fut l'occasion pour tous ceux qui l'avaient côtoyé de dire leur admiration pour cet homme que les distinctions honorifiques n'avaient pas ébloui. Ses élèves de l'École de physique et chimie de la ville de Paris témoignèrent aussi de leur attachement à ce maître « qui rendait meilleurs ceux qui l'approchaient ».*

[…] Qui aurait cru que tant de douceur cachât une âme intransigeante ? Il ne transigeait pas avec les principes généreux dont on l'avait nourri, avec l'idéal moral particulier qu'on lui avait appris à aimer, cet idéal de sincérité absolue, trop haut, peut-être, pour le monde où nous vivons. Il ne connaissait pas ces mille petits accomodements dont se contente notre faiblesse. Il ne séparait pas, d'aileurs, le culte de cet idéal de celui qu'il rendait à la science, et il nous a montré par un éclatant exemple quelle haute conception du devoir peut sortir du simple et pur amour de la vérité. Peu importe à quel dieu l'on croit ; c'est la foi, ce n'est pas le dieu qui fait les miracles. […]

Henri Poincaré,
*Comptes rendus à l'Académie des sciences,*
décembre 1906, tome 142, p. 940

[…] Les meilleurs souvenirs peut-être de mes années d'École sont ceux des moments passés là, debout devant le tableau noir où il prenait plaisir à causer avec nous, à éveiller en nous quelques idées fécondes, à parler des travaux qui formaient notre goût des choses de la science. Sa curiosité vivante et communicative, l'ampleur et la sûreté de son information faisaient de lui un admirable éveilleur d'esprits.

Paul Langevin,
*La Revue du mois,* 1906

## La « coopérative d'enseignement »

*Après la mort de Pierre, Marie et ses amis fondent une école privée pour leurs propres enfants âgés d'une dizaine d'années. Les parents se répartissent les diverses matières à enseigner selon leurs compétences : Jean Perrin la chimie, Paul Langevin les mathématiques, Mmes Perrin et Chavannes, le sculpteur Magrou et le professeur Mouton la littérature, l'histoire, les langues vivantes, les sciences naturelles, le dessin, et Marie Curie, la physique. Cette initiative, baptisée « coopérative d'enseignement », manifeste une certaine défiance à l'égard de l'école et de l'enseignement traditionnels.*

### Observer, réfléchir, expérimenter...

*Dans la biographie qu'elle consacra à sa mère en 1937, Ève, la fille cadette de Marie, évoque cette expérience pédagogique singulière qui ne dura que deux ans, car les parents étaient submergés par leur travail personnel.*

Sous l'impulsion de Marie naît le projet d'une sorte de coopérative d'enseignement, où de grands esprits appliqueront des méthodes de culture nouvelle à leurs enfants réunis.

Une ère s'ouvre, d'excitation et d'amusement intense, pour une dizaine de marmots, garçons et filles, qui vont chaque jour écouter une seule leçon, donnée par un maître d'élite [...]. Dans un local désaffecté de l'École de Physique, Marie Curie consacre le jeudi après-midi aux cours de physique la plus élémentaire que ces murs aient jamais entendus.

Ses disciples – dont certains sont de futurs savants – garderont un souvenir ébloui de ses leçons passionnantes, de sa familiarité, de sa gentillesse. Grâce à elle, les phénomènes abstraits, ennuyeux dépeints dans les manuels reçoivent l'illustration la plus pittoresque.

[...] Un pendule inscrit ses oscillations régulières sur du papier fumé. Un thermomètre, construit et gradué par les élèves, consent à fonctionner en accord avec les thermomètres officiels, et les enfants en conçoivent un immense orgueil.

Marie leur transmet son amour de la science et son goût de l'effort. Elle leur apprend aussi ses méthodes de travail. Virtuose en calcul mental, elle insiste pour que ses protégés le pratiquent : « Il faut arriver à ne jamais se tromper », affirme-t-elle ; « le secret est de ne pas aller trop vite ».

Ève Curie,
*Madame Curie,* Gallimard, 1938

### Les leçons de Marie

*Une des jeunes élèves de cette coopérative, Isabelle Chavannes, dont le père occupait la chaire de chinois au Collège de France et dont la mère assurait les cours d'anglais et d'allemand à la coopérative, rassembla dans un classeur noir les notes prises au cours de ces séances. Ce classeur a été retrouvé et son contenu édité.*

**Le jet d'eau (3 février 1907)**

– Vous allez voir une très jolie expérience qui va beaucoup vous amuser.

Madame Curie jette dans de l'eau une poudre qui est de la fluorescéine. On voit dans cette eau comme des traînées d'herbes, puis tout le liquide prend une belle coloration à la fois verte et jaunâtre.

– On va faire des vases communicants avec cette belle eau, dit Madame Curie et tous les enfants ouvrent des yeux ravis.

Nous versons la solution de fluorescéine dans les vases communicants de formes très différentes essayés tout à l'heure. L'eau monte à la même hauteur dans le tube effilé et dans l'entonnoir. Madame Curie baisse alors beaucoup le tube effilé, et l'eau, qui veut aller au même niveau dans ce tube que

dans le vase en forme d'entonnoir avec lequel il communique s'échappe par la pointe du tube en un beau jet d'eau vert. Les enfants sont émerveillés.

– C'est de cette façon que, dans nos cuisines, l'eau arrive par le robinet qu'on ouvre ou qu'on ferme à volonté. L'eau est dans le fin tube ou dans un tuyau qui communique avec un réservoir placé très haut, ce tuyau et ce réservoir formant deux vases communicants.

**Le principe d'Archimède (10 février 1907)**

–Voici trois éprouvettes dans lesquelles vous voyez un œuf. L'éprouvette A contient de l'eau ; l'œuf, plus dense que l'eau, va au fond. Dans l'éprouvette B, il y a de l'eau un peu salée qui est juste aussi dense que l'œuf. Dans l'éprouvette C, il y a de l'eau plus salée ; l'œuf flotte sur cette eau, parce qu'il est moins dense qu'elle.

– Si un œuf peut flotter sur l'eau salée, c'est que, dans l'eau salée, il perd de son poids. Certains de vous savent nager. Dans l'eau, on peut se soutenir et pas dans l'air ; c'est que dans l'eau, on perd une partie de son poids [...].

Madame Curie fait répéter à tous les enfants :

– Quand un corps est plongé dans l'eau, il se comporte comme s'il pesait moins que dans l'air.

– L'eau pousse d'en haut et d'en bas, mais d'en bas elle pousse plus fort, et elle soulève le corps.

[...]

– Quand Irène est tout entière plongée dans l'eau, son poids est diminué du poids d'une Irène qui serait faite en eau.

– Nous allons faire encore quelque chose de très gentil. Voici un vase qu'on appelle vase à trop plein...

Isabelle Chavannes,
*Leçons de Marie Curie, recueillies en 1907,*
EDP Sciences, 2003

# Marie et Irène : correspondance (1905-1934)

*Dans un article paru dans la revue* Europe, *Irène Curie évoque la correspondance qu'elle entretenait avec sa mère lorsqu'elles étaient éloignées l'une de l'autre. « Parmi ces lettres, un grand nombre sont très courtes et ne correspondent qu'au besoin sentimental de suppléer à l'absence d'un être qui vous est cher. D'autres fois, nos lettres étaient plus longues, et il est amusant de voir la variété des sujets dont nous nous entretenions. » Elles témoignent en tout cas d'un extrême attachement mutuel.*

*Les vacances sont très tôt l'occasion d'un échange de lettres entre la mère et la fille. La longue absence de Marie de 1911 à 1913, à la suite de l'affaire Langevin, sera également riche en échanges épistolaires.*

Saint-Palais,
le 31 juillet 1910

Ma douce Mé,

Je fais, ces temps-ci, la pêche aux crevettes car les marées sont assez grandes.

Hier j'ai pris seule mon bain car tante avait été à Saint-Palais pour avoir une leçon de nage. La mer était très forte. Tante n'a pas pu prendre la leçon de nage et j'ai reçu dans le dos les plus grosses vagues que j'ai jamais reçues.

Écris-moi ; si tu n'as pas le temps de m'écrire des lettres, écris-moi des cartes.

Le temps est assez beau.

Je *réclame* à grands cris *un petit résumé sur les dérivées*.

Ton Irène qui t'aime.

Londres,
le 15 septembre 1913

Chère Irène,

Je viens de recevoir ta lettre qui m'apprend que la mienne t'est bien

Marie et Irène en 1904.

une prairie.
1-2-3-4, brebis,
5, berger.

Ma chère bonne mè

Je pêche beaucoup de bou-
quet et hier j'ai partagé av
Madeleine un joli petit homard
excellent. Je suis très contente
d'être à la mer et je fait
de très beau fort dans le
sable et de très belles écor-
chures, égratignures et éraflu-
rent à mes membres, tout
les matins je vient prendre
mon petit déjeuner piedsnus.

parvenue le jour de ta fête, ce dont je suis bien contente. J'aurais voulu être avec toi ce jour-là. Je remercierai pour toi Miss Maulay de sa gentillesse, mais tu pourrais lui écrire une carte.

Remercie bien pour moi ton grand cousin de vous emmener en promenade et de prendre soin de ne point fatiguer Evette. C'est très gentil de sa part de renoncer à courir pour faire plaisir à une enfant.

Ainsi que je l'ai écrit à ton oncle, il faut te mettre en correspondance avec Valentine pour t'assurer qu'elle est rentrée à Paris avant de rentrer vous-mêmes. Cela n'a de l'importance d'ailleurs, que si le mauvais temps vous obligeait de rentrer avant moi. Je compte rester en Angleterre jusque vers le 25 sept., mais s'il y avait quelques difficultés au point de vue de votre retour du côté de Valentine, je rentrerais plus tôt. Nous pouvons communiquer par lettres et par dépêches.

Mon séjour à Birmingham s'est bien passé. J'ai été très bien reçue et j'ai pris part à la cérémonie, que tu aurais aimé voir. On m'a habillée d'une belle robe rouge à rebords verts, de même que mes compagnons de misère, – c'est-à-dire les autres savants devant recevoir le grade de docteur. Nous avons chacun entendu un petit discours célébrant nos mérites, puis le vice-chancelier de l'Université a déclaré à chacun de nous que l'Université lui accordait le grade, après quoi chacun de nous a pris place sur l'estrade. Enfin nous sommes repartis, prenant part à une sorte de procession composée de tous les Professeurs et Docteurs de cette Université en costumes semblables aux nôtres. Tout cela était assez amusant ; j'ai pris l'engagement solennel d'observer les lois et coutumes de l'Université. J'ai naturellement été photographiée. Je t'enverrai les articles de journaux et photographies ou bien je te les apporterai en rentrant.

J'habitais à Birmingham chez des Anglais et j'ai dû parler anglais tout le temps. Mon anglais a progressé sérieusement. Cela t'intéressera peut-être de savoir quelques noms de savants présents. Il y avait M. Lorentz que tu connais, Messieurs Rutherford et Soddy que tu as aussi vus chez nous. J'étais seule de France, sauf un ingénieur que je connaissais peu, M. Lallemand.

Je t'embrasse tendrement.

Marie

Novembre 1913

Ma chérie,

J'ai été désolée d'apprendre que tu te portes si mal. Je t'affirme que je maudis cette inauguration de bien bon cœur ; c'est tout de même malheureux qu'on te force de te gâter la santé de la sorte et que tu n'aies pas la possibilité de refuser. J'espère au moins que tu feras juste ce qu'il faut et que tu ne te laisseras pas ennuyer par tous ces gens de là-bas.

Maurice a trouvé moyen de se faire sauter du cyanure de potassium chaud à la figure. Heureusement cela n'a pas eu de conséquences graves : il a seulement une demi-douzaine de petites brûlures sur le visage et le cou ; mais c'est une chance extraordinaire qu'il n'ait pas un œil crevé car il a reçu une goutte de cyanure qui lui a légèrement brûlé juste les 2 paupières à la fois ; c'est-à-dire que s'il n'avait pas fermé les yeux, ça y était. Du reste il est revenu au laboratoire dès le lendemain de cet accident, ce n'est pas grand-chose et cela se voit à peine. Je t'embrasse bien fort, ma douce chérie.

Ta grande fille.
Irène

*Pour les vacances de l'été 1914, Marie Curie avait loué une villa à l'Arcouest, en Bretagne, voisine de celles des Seignobos et de la petite colonie d'amis : les Borel, les Perrin, les Chavannes… Irène et Ève s'y installent en juillet avec leur gouvernante et une cuisinière. Marie comptait les rejoindre en août, mais la déclaration de guerre l'en empêcha.*

l'Arcouest,
vendredi 24 juillet 1914

Ma douce chérie,

Commençons par les choses sérieuses.

J'ai reçu ce matin ta lettre et j'ai été cet après-midi chez Reine Cadic. Elle n'aura pas de chambre chez elle, mais elle peut louer, sans pension, une chambre dans une maison très peu éloignée de la nôtre. La chambre coûterait 1 franc par jour et alors André serait obligé de venir prendre ses repas chez nous.

Les gros souliers me servent très bien pour barboter dans la pluie ; ils me sont très commodes.

J'ai prêté *Kim* à Maurice avant de partir pour les vacances ; il a peut-être fini de le lire.

La fonction exponentielle ne me fait pas trop enrager ; j'ai eu pourtant un mal affreux à comprendre pourquoi elle est égale à $e^x$, mais à présent j'ai compris. J'ai fait un calcul approché de $e$ avec 6 termes (ce qui donne 3 décimales) en calculant l'erreur, et j'ai constaté que les 3 chiffres valables concordaient avec ce qu'on me donnait comme valeur de $e$.

Les dérivées vont bien ; les fonctions inverses sont des choses adorables. En revanche, je sens mes cheveux se dresser quand je pense au théorème de Rolle et à la formule de Taylor. Ce qui me renverse c'est l'aplomb de ces gens qui vous font des théorèmes avec des $n$, des $m$, des $p$, et qui font ensuite un titre : généralisation ; et cette généralisation dure plusieurs pages, tandis que le premier théorème me paraissait déjà horriblement général.

Ce matin j'ai ramé dans le canot avec Mlle Marthe (la sœur de Mme Métin) ; c'était très amusant. M. Seignobos était avec nous dans le canot.

Cet après-midi, j'ai été sur l'*Églantine*. Il y avait du vent et des vagues. Je me suis tenue vers l'avant du bateau pour être plus balancée et j'ai été bien arrosée par les éclaboussures par-dessus le marché.

Je serai bien contente quand tu seras ici. La maison a été jusqu'ici un peu bruyante, mais assez agréable. J'ai l'impression que nous sommes en train d'en revenir à la situation qu'on avait à Paris quand tu étais à Bruxelles, c'est-à-dire que les conversations deviennent de plus en plus idiotes. Ta présence remettra sûrement un peu d'intelligence ici, c'est une des propriétés particulières que tu possèdes ; quand tu es là, on ne dit plus trop de bêtises.

J'aimerais bien te voir, ma douce chérie. Cela me fait de la peine de ne pas aller t'embrasser avant de me coucher. Pourtant, si tu sens que tu as besoin de te soigner, n'hésite pas, je t'en prie, à retarder ton arrivée pour aller faire ta cure. Tu comprends que ta santé doit passer avant le désir que nous avons de nous revoir.

Ève travaille beaucoup. Elle ne veut pas faire d'arithmétique, mais il ne faut pas l'ennuyer pour cela car elle met vraiment beaucoup de bonne volonté à faire les autres choses, même de l'allemand. Je crois qu'on n'a qu'à la laisser travailler un peu à son gré car si on s'obstinait à lui demander du calcul, pour l'instant, peut-être que son beau zèle cesserait ce qui serait dommage. Le calcul sera pour dans quelques jours quand la fantaisie aura passé.

Je t'embrasse bien.

Irène

*Retenue à Paris, Marie poste un petit mot à Irène à l'occasion de son anniversaire.*

Samedi 12 septembre 1914

Chère Irène,

C'est aujourd'hui le jour où j'aurais voulu t'embrasser. De loin, je pense à toi avec tendresse et je t'envoie l'image de l'hôpital où je travaille en ce moment. J'espère que nous nous reverrons bientôt, ma douce chérie de 17 ans.

Je t'embrasse de tout mon cœur.

Ta mère

*Après la guerre, la famille Curie continue de passer des vacances à l'Arcouest. La proximité entre la mère et la fille a été renforcée par leur expérience commune pendant la guerre.*

Paris,
samedi 10 septembre 1921

Ma chère Irène,

J'ai reçu ta lettre de jeudi et je t'envoie celle-ci, ma fille, pour te souhaiter une bonne journée à l'Arcouest en l'honneur de ton anniversaire et de tes 24 ans. Je ne pourrais penser à toi plus tendrement, en cette circonstance, que je ne le fais d'ordinaire, et je ne puis avoir un plus grand désir de t'embrasser ce jour-là que n'importe quel autre jour de notre vie commune. C'est pourquoi je pense avec sérénité que tu auras à l'Arcouest un anniversaire plus joyeux que celui que tu aurais pu avoir à Paris et je m'en réjouis pour toi sans trop regretter que nous ne soyons pas ensemble.

Tu sais, mon enfant, que tu es pour moi une excellente amie et que tu me rends la vie plus facile et plus douce. Je t'en sais infiniment gré et j'espère que l'année de travail qui commence pourra s'organiser de manière à nous donner des satisfactions souvent dures à conquérir. J'envisage le travail avec plus de courage en songeant à ton sourire et à ton visage toujours joyeux. Espérons que les difficultés ne seront pas trop ardues, et que nous en viendrons à bout, au moins en partie.

Je suis désolée que ta fin de vacances ne s'arrange pas à ton gré. Je comprends que tu souhaites revoir tes amis Francis et Pierre Auger. Pourtant Ève a raison de rentrer, car elle a encore devant elle un effort sérieux pour la préparation du baccalauréat, et elle ne peut le fournir aussi utilement à l'Arcouest qu'à Paris. Si tu tiens absolument à me revoir avant mon départ dans le Midi, qui aura lieu le 16 septembre, tu pourrais peut-être rentrer avec Ève le 14 septembre au matin et retourner à l'Arcouest le 16 septembre au soir, pour y passer une semaine supplémentaire. Je t'offrirais volontiers ce voyage. [...]

Je t'embrasse bien tendrement ma chère Irène et à bientôt.

Ta mère.

Marie Curie et Jean Perrin en vacances à l'Arcouest dans les années 1920.

Marie Curie, Irène et Ève de retour d'une balade en barque à l'Arcouest.

l'Arcouest,
dimanche 11 septembre 1921

Ma chérie,

J'ai reçu ta gentille lettre qui m'a été très douce. Je suis heureuse que tu penses que je te suis bonne à quelque chose, car je désire tellement te rendre la vie un peu plus facile. Quand tu n'es pas avec moi, je trouve qu'il manque quelque chose et je serais bien contente de pouvoir encore t'embrasser avant ton départ pour le Midi.

Je te remercie de me proposer de retourner à l'Arcouest pour une semaine ensuite. Je vais réfléchir si je le ferai ou non, mais somme toute, je ne crois pas que je m'y décide. Dès que je remettrai le pied à Paris, il y aura des tas de choses qui m'appelleront impérieusement. D'autre part, le temps qui était fort beau ces jours-ci semble se gâter (il est vrai qu'il a encore le temps de changer trois fois d'ici notre départ). Enfin je verrai.

Alice est revenue avant-hier. Notre raton se porte bien et fait toujours des courses éperdues dans le jardin. Que dira-t-il quand on le remettra dans son panier ? Il couche toujours chez moi, en ayant l'air de se figurer que cela lui est dû, et il est toujours rond et noir.

Nous n'avons rien fait de bien marquant ces jours-ci. Ce matin, un Roch Vras plutôt froid, mais agréable. Jean et moi, nous étudions avec persistance le trudgen, avec quelques progrès. Je pense que l'an prochain cette nage donnera quelques résultats au point de vue de la vitesse. Je doute que je m'en serve jamais pour les nages de fond.

Plus que 3 ou 4 bains d'ici le départ ! Oh, horreur de penser à une chose pareille. Je t'embrasse bien.

Irène

in *Correspondance Marie et Irène Curie. Choix de lettres, 1905-1934*,
Ziegeler, Gilberte (ed.)
Paris, Editeurs français réunis, 1974

# Marie Curie et Albert Einstein à la SDN

*Einstein et Marie Curie, qui s'étaient rencontrés au congrès Solvay de 1911, entretenaient des relations d'amitié et d'estime et avaient même passé des vacances ensemble en Suisse avec leurs enfants respectifs en 1913. Tous les deux avaient été pressentis en 1922 pour siéger à la Commission de coopération intellectuelle de la Société des Nations, créée à la sortie de la guerre afin de promouvoir les échanges intellectuels et culturels que la guerre avait interrompus.*

Paris, le 27 mai 1922

Cher Monsieur,

Vous avez été invité, comme moi, à faire partie de la Commission de coopération intellectuelle internationale de la Société des Nations. J'aimerais savoir si vous avez accepté cette invitation. Pour ma part, je crois que l'acceptation de votre part comme de la mienne, serait sans doute nécessaire, si nous avions le ferme espoir de rendre quelques services réels. C'est aussi l'opinion de nos amis communs [Langevin]. Mais je ne me rends pas compte encore des moyens d'action de la Commission et de l'œuvre qu'elle aurait à accomplir. Je serais très contente de savoir ce que vous pensez à ce sujet. Mon sentiment est seulement que la Société des Nations, quoique encore imparfaite, est un espoir pour l'avenir.

Veuillez agréer l'assurance de mes sentiments les meilleurs,

Marie Curie

Berlin, le 30 mai 1922

Madame,

Bien que je n'aie pas la moindre idée de ce que la commission qu'il s'agit de constituer pourra obtenir, j'ai, après une brève réflexion, donné mon accord. Car il y a indiscutablement, derrière cette entreprise, une volonté d'entente internationale ; pour exercer une influence, il nous faudra ensuite mener correctement l'affaire. Je serais ravi, croyez-moi, que vous acceptiez vous aussi d'y participer, d'autant que je sais que nous nous sommes déjà trouvés en accord sur des questions de ce genre.

Avec mes cordiales salutations à vous et à vos chers amis

Albert Einstein

[après le 24 juin 1922]

Chère madame Curie,

Vous m'avez interrogé récemment sur la Commission de la Société des Nations, et je vous ai dit alors que j'avais accepté d'en faire partie, en vous priant de bien vouloir accepter vous aussi. Mes conceptions concernant l'importance d'une telle entreprise n'ont pas changé.

Malheureusement, je me sens contraint aujourd'hui déjà de démissionner, et je me sens naturellement tenu de vous en informer aussitôt. J'éprouve le besoin de vous donner mes raisons, mais je vous prie de veiller à ce que des personnes extérieures à cette commission n'en aient pas connaissance. À l'occasion de la mort tragique de Rathenau [ministre des Affaires étrangères allemand, assassiné par un groupe antisémite le 24 juin 1922], tout comme à diverses reprises, j'ai senti qu'il régnait dans les milieux que je suis censé représenter auprès de la SDN un antisémitisme très fort, et de manière générale, un tel état d'esprit que je ne puis convenir pour le rôle de représentant ou médiateur. Je pense que vous le comprendrez parfaitement.

C'est avec une joie particulière que je me rappelle les belles heures que j'ai passées à Paris avec vous, Langevin et vos sympathiques collègues. Je suis tout particulièrement reconnaissant à Langevin, dont je n'oublierai pas la touchante sollicitude… Saluez-le, je vous prie, cordialement de ma part, et recevez vous-même un amical salut de votre

Albert Einstein

Marie Curie et Einstein à Genève lors d'une réunion de la Commission intellectuelle de la SDN.

Le 7 juillet 1922

J'ai reçu votre lettre qui ma causé une grande déception. Il me semble que la raison que vous donnez pour votre abstention n'est pas convaincante. C'est précisément parce qu'il existe des courants d'opinion dangereux et nuisibles qu'il faut les combattre…

Marie Curie

Le 11 juillet 1922

Je peux comprendre que vous ne soyez pas d'accord avec ma décision, et même que vous la trouviez incompréhensible. On trouve ici, parmi les intellectuels, un antisémitisme indescriptible, renforcé en particulier par le fait d'une part que les Juifs jouent dans la vie publique un rôle hors de proportion avec leur nombre effectif, et d'autre part, que beaucoup d'entre eux (moi-même par exemple) militent pour des objectifs internationaux. C'est pour cette raison que, d'un point de vue purement objectif, un Juif n'est pas la personne qui convient pour servir de lien entre l'intelligentsia allemande et l'intelligentsia internationale. Il faudrait choisir une homme qui soit considéré comme un « véritable Allemand »…

Albert Einstein

# Marie Curie et la Pologne

*Marie Curie entretint toute sa vie des relations avec son pays natal : séjours de ses filles en Pologne et de leurs cousins en France pendant l'été, correspondance suivie avec son frère et ses sœurs, ses amies de lycée. L'indépendance reconquise de la Pologne en 1919 permit à Marie Curie de mettre en œuvre une véritable coopération scientifique.*

## « Les Polonais n'ont pas le droit d'abandonner la Pologne »

*C'est ce qu'affirme Marie Curie à Pierre quand il lui demande si elle reviendra en France au terme de ses vacances polonaises à l'été 1894. C'est cette conviction qui la fait hésiter à accepter la proposition de mariage de Pierre.*

Quand tu recevras cette lettre, ta Mania aura changé de nom. Je vais épouser l'homme dont je t'avais parlé l'année dernière à Varsovie. Il m'est très douloureux de rester pour toujours à Paris, mais que faire ? Le sort a fait que nous sommes profondément attachés l'un à l'autre et que nous ne pouvons supporter l'idée de nous séparer. Je ne t'avais pas écrit car ceci s'est décidé très brusquement. Pendant une année entière j'ai hésité et je ne savais à quoi me résoudre. Enfin, je me suis réconciliée avec l'idée de me fixer ici.

Lettre à son amie Kazia, été 1895

## Française, Marie n'oublie pas la Pologne

*En 1903, Marie et Pierre Curie avaient donné une partie de l'argent du prix Nobel à Kazimierz Dluski, le mari de Bronya, pour aider à la création du sanatorium de Zakopane. En 1912, Marie songe à créer à Varsovie un institut du radium sur le modèle de celui de Paris, encore en projet. En novembre 1913, elle se rend dans la capitale polonaise. Les autorités russes ignorent délibérément sa présence : aucun officiel ne prend part aux fêtes organisées en son honneur. Pour la première fois de sa vie, Marie prononce, dans une salle comble, une conférence scientifique en polonais.*

Je m'applique à rendre ici le plus de services possible avant de repartir. J'ai fait mardi une conférence publique. J'ai aussi assisté, et j'assisterai encore, à des réunions diverses. Je trouve une bonne volonté qu'il faut utiliser. Ce pauvre pays, massacré par une domination barbare et absurde, fait vraiment beaucoup pour défendre sa vie morale et intellectuelle. Un jour viendra peut-être où l'oppression devra reculer, et il faut tenir jusque-là. Mais quelle existence ! Quelles conditions ! J'ai revu des endroits auxquels m'attachent des souvenirs d'enfance et de jeunesse. J'ai revu la Vistule [...]. Ces pèlerinages sont à la fois doux et tristes, mais on ne peut s'empêcher de les faire.

Discours cité *in* Ève Curie, *Madame Curie*, *op. cit.*

**La Pologne enfin indépendante !**

*Quand en 1919 la Pologne devient un État souverain, Marie laisse éclater sa joie.*

Ainsi nous, « nés dans la servitude, enchaînés dès le berceau » (citation du *Thadeus* de Mickiewicz) nous aurons vu cette résurrection de notre pays à laquelle nous rêvions. Nous n'espérions pas vivre cet instant nous-mêmes, nous pensions qu'il ne serait peut-être donné qu'à nos enfants de le voir – et il est là ! Il est vrai que notre pays a payé cher ce bonheur, et qu'il aura encore à le payer. Mais peut-on comparer les nuages de la situation actuelle avec l'amertume et le découragement qui nous auraient étreints si, après la guerre, la Pologne était demeurée enchaînée et divisée en tronçons ? Comme toi, j'ai foi en l'avenir.

Lettre à son frère Josef Sklodowski, décembre 1920

**L'Institut du radium de Varsovie**

*L'indépendance de la Pologne donne au projet de l'Institut du radium un nouveau sens.. Ève raconte.*

Deux, trois, quatre voyages en Pologne […]. Depuis que la Pologne est redevenue libre, Marie est hantée par un grand projet : créer à Varsovie un Institut du radium, centre de recherches scientifiques et de traitement du cancer. Son entêtement ne pourrait suffire à vaincre les difficultés. La Pologne, convalescente d'un long esclavage, est pauvre : pauvre en argent, pauvre en techniciens […]

Est-il besoin de nommer l'alliée qui, au premier appel, se dresse à ses côtés ? Une Bronya alourdie par l'âge, mais aussi enthousiaste et vaillante qu'il y a trente ans, se met à l'ouvrage. Elle est à la fois architecte, démarcheur, trésorier […] la

M. Curie inaugurant l'Institut de Varsovie en 1932.

contrée est bientôt envahie de timbres portant en effigie le visage de Marie. On demande de l'argent – ou plutôt des briques : « Achetez une brique pour bâtir l'Institut Marie Sklodowska-Curie […] ». La provision de briques grandit […] et, en 1925, Marie vient à Varsovie poser les fondations de l'Institut. Visite triomphale : souvenirs du passé, promesses de l'avenir […] la ferveur d'un peuple entier accompagne celle qu'un orateur appellera « la première dame d'honneur de notre gracieuse souveraine, la République Polonaise ». […] Les années passent, les briques deviennent des murs. Marie et Bronya ne sont pas au bout de leurs peines. Bien que chacune d'elles ait donné une partie de ses économies, l'argent manque pour acheter l'indispensable provision de radium… Marie ne perd pas courage : elle se tourne vers les États-Unis qui, une fois déjà, l'ont si magnifiquement aidée… Comme en 1921, Marie s'embarque, en octobre 1929, pour New York […]. Le 29 mai 1932 marque le couronnement de l'œuvre commune de Marie Curie, de Bronya Dluska et de l'État polonais. En présence du président de la République, de Mme Curie, du professeur Regaud, est inauguré l'imposant Institut du radium de Varsovie […]. C'est la dernière fois que Marie revoit la Pologne.

Ève Curie, *Madame Curie*, *op. cit.*

# Le voyage en Amérique

*En 1921, Marie Curie fait une tournée de six semaines aux États-Unis, pour recevoir le gramme de radium que « les femmes américaines » offrent à l'Institut du radium. Malgré une santé fragile, elle se prête à la campagne de presse orchestrée en son honneur sur le thème de la lutte contre le cancer.*

### « Dans l'intéret de l'humanité tout entière »

*Le voyage est organisé par une journaliste, Mary Meloney Brown, Missy pour ses amis, qui avait su vaincre les réticences de Marie Curie et obtenir une interview.*

Quand la journaliste américaine venue l'interviewer à Paris lui demande : « Si vous pouviez formuler un vœu, que souhaiteriez-vous posséder ? » Marie Curie répond : « Un gramme de radium afin de poursuivre mes recherches. » Quand on lui rappelle que sa découverte a permis à certaines personnes de gagner des millions, elle répond : « J'ai donné mon secret au monde, non pas pour que quelques-uns s'enrichissent, mais pour le bien de tous. » Voilà l'histoire de la plus grande femme scientifique qui a donné au monde une découverte d'une valeur de plusieurs millions de dollars alors que son salaire de professeur ne dépasse pas 200 dollars par mois.

Anne Withney Hay,
*New York City Telegraph*, 29 mai 1921

*À l'occasion de ce voyage, Marie prononce de nombreux discours et rédige, à la demande de Missy, une biographie de Pierre, ainsi qu'une autobiographie (qui ne sera jamais traduite en français).*

*Elle revient sur la question des brevets qu'elle et Pierre auraient pu prendre sur leur découverte.*

Si la découverte du radium est si bien perçue par les Américains, ce n'est pas seulement à cause de sa valeur scientifique et de l'importance de son utilisation médicale, mais aussi parce que cette découverte a été donnée par ses auteurs à l'humanité sans restriction ni bénéfice matériel […].

En renonçant à l'exploitation de notre découverte, nous avons renoncé à la fortune qui aurait pu, après nous, être transmise à nos enfants. J'ai souvent dû défendre nos conceptions auprès de nos amis qui prétendaient, non sans raison valable, que si nous avions garanti nos droits, nous aurions conquis les moyens financiers nécessaires à la création d'un Institut du radium satisfaisant. Mais je demeure convaincue que nous avons eu raison d'agir ainsi.

L'humanité a certainement besoin d'hommes pratiques qui tirent le maximum de leur travail sans oublier le bien général, sauvegardant leurs propres intérêts.

Mais elle a besoin aussi de rêveurs pour qui les prolongements désintéressés d'une entreprise sont si captivants qu'il leur devient impossible

Marie Curie accompagnée de Louis F. Vogt, directeur de l'usine de Canonsburg (à gauche) et de James C. Gray, président de la Standard Chemical Company.

de consacrer des soins à leurs propres bénéfices matériels.

Peut-être ces rêveurs ne méritent-ils pas la richesse ; toutefois une société bien organisée devrait assurer à ces travailleurs les moyens efficaces d'accomplir leur tâche dans une vie débarrassée des soucis matériels et librement consacrée au service de la recherche scientifique.

Marie Curie,
Notes autobiographiques, 1921

### Visite de l'usine de Canonsburg

*Au milieu du show médiatique et mondain que fut son voyage aux États-Unis, Marie Curie ne perdait pas de vue l'objectif qui lui avait fait accepter d'aller aux États-Unis : l'Institut du radium. Toujours désireuse d'établir des liens avec l'industrie, elle avait fait inclure dans son programme la visite des usines de la Standard Chemical Company à Canonsburg (Pennsylvanie) où l'on extrayait du radium.*

L'usine de Canonsburg avait été fondée en 1909 par Joseph Flannery (1867-1920). Flannery, entrepreneur très entreprenant, avait commencé par diriger une usine de chaudières pour locomotives, avant de reconvertir son industrie dans la fabrication d'aciers rendus particulièrement résistants par amalgame avec du vanadium (utilisés dans la fabrication des portes des écluses du canal de Panamá). En 1909, ayant appris que l'état de santé de sa sœur atteinte d'un cancer pourrait être amélioré par un traitement au radium, alors indisponible en quantité suffisante aux États-Unis, Flannery décida de produire lui-même le radium dont sa sœur avait besoin. Il se retira donc de l'American Vanadium et fonda en 1911 la Standard Chemical.

Le minerai utilisé n'était pas la pechblende, mais de la carnonite, minéral contenant du vanadium, du radium et de l'uranium, extrait dans une mine située dans la partie ouest du Colorado, à Paradox Valley. C'est dire que le coût d'exploitation était fortement grevé par le transport de la carnonite jusqu'en Pennsylvanie. Le minerai « concentré », transformé en poudre et mis en sacs sur place, accomplissait ensuite un long périple, d'abord en wagons et camions sur les anciennes routes de la conquête de l'Ouest, puis en train par petites étapes, nécessitant à chaque changement de pénibles transbordements. On comprend que dans ces conditions le minerai soit rapidement devenu non rentable, surtout après la découverte de gisements plus riches au Katanga (alors colonie belge). L'usine dut fermer en 1923.

Françoise Balibar

# Les dangers du radium

*Dans les années 1920, l'opinion commence à s'alarmer des dangers du radium. Des accidents répétés ont eu lieu parmi le personnel d'une usine de cadrans lumineux aux États-Unis qui font écho à d'autres survenus en France. Marie Curie elle-même, dans une lettre à sa sœur Bronya de novembre 1920, soupçonne le radium d'être responsable de ses problèmes de santé : « Peut-être le radium est-il pour quelque chose dans ces troubles, mais on ne saurait l'affirmer avec certitude. […] N'en parle à personne, surtout, pour que le bruit ne s'en répande pas. »*

## Radium Girls

*Les premiers cas de maladies liées à l'activité industrielle du radium sont apparus en 1922 aux États-Unis chez des jeunes employées d'une usine de fabrication de montres-bracelets dont les cadrans étaient rendus lumineux par l'utilisation d'une peinture radioactive.*

L'une des premières à avoir établi un lien entre sa maladie et la peinture des cadrans de montre est Katherine Schaub.

Katherine Schaub est née à Newark (New Jersey) en 1902. Comme la plupart des victimes de la peinture au radium elle était issue d'une famille de la classe ouvrière relativement à l'aise (son père et ses frères étaient ouvriers qualifiés). La plupart des victimes sont nées aux États-Unis de parents eux-mêmes nés aux États-Unis ; un tiers d'entre elles cependant étaient de première génération. Elles avaient entre 15 et 20 ans et vivaient encore chez leurs parents .

Pour les travailleurs du début du XX^e^ siècle la mort et la maladie étaient des situations familières, avec comme conséquence un regroupement des familles au sein d'une même unité d'habitation : ainsi Katherine Schaub vivait-elle avec ses parents, ses quatre frères et sœurs, un de ses grands-pères et l'une de ses cousines, Irene Rudolph, du même âge qu'elle, dont les parents étaient morts.

En 1917, Katherine et Irene avaient été engagées par la Radium Luminous Painting Materials Corporation dans l'atelier de peinture de cadrans de montre et d'horloge situé à Orange (New Jersey). La compagnie avait été fondée par un Autrichien, Sabin von Socholsky, médecin et physicien. Socholsky, qui s'était d'abord intéressé aux médicaments contenant du radium, avait mis au point une peinture luminescente comportant une infime quantité de radium, qui en émettant des particules $\alpha$ induisait la luminescence d'un sel de zinc entrant dans la composition de la peinture. Le procédé était très bon marché.

L'utilisation de cette peinture au radium est un sous-produit de la Première Guerre mondiale. En 1914, les hommes portaient des montres-goussets – qui se révélèrent mal adaptées au crapahutage dans les tranchées. Aussi les armées avaient-elles équipé leurs soldats de montres-bracelets munies d'un cadran lumineux pour permettre la synchronisation des opérations de nuit. C'est ainsi que naquit un marché que les soldats du contingent américain, une fois rentrés dans leurs foyers, continuèrent à alimenter en restant fidèles à la montre-bracelet plus commode que les « oignons ». Vers 1920, la mode s'étendit aux femmes.

Le travail à l'usine de peinture au radium était assez agréable ; les salaires étaient bons, les jeunes ouvrières tout excitées à l'idée d'envoyer des montres aux soldats. Avant de quitter l'atelier le soir, elles se peignaient les dents avec de la peinture au radium, afin d'offrir à leurs amoureux un sourire qui brille dans la nuit.

À l'atelier, pas de cadences infernales, ne serait-ce que parce que le travail était fin et délicat. La pointe du pinceau devait être très effilée pour pouvoir dessiner les chiffres avec minutie. On enseignait aux ouvrières un « truc » pour obtenir une pointe extrêmement fine : mouiller le pinceau en le suçant puis en le passant sur les lèvres. Les directeurs de la Radium Luminous Painting assuraient que l'opération était sans danger ; d'ailleurs peut-être en étaient-ils persuadés : on était en pleine folie du radium.

Katherine Schaub s'aperçut un jour que son visage était couvert de points rouges. Le premier médecin qu'elle consulta lui demanda si dans son travail elle ne manipulait pas du phosphore. On connaissait les dangers d'empoisonnement par le phosphore (qui servait à la fabrication des allumettes). Katherine Schaub établit alors un rapprochement entre la « phosphorescence » des chiffres peints et le phosphore. Elle en parla à ses amies qui s'alarmèrent. La direction, prévenue, équipa chaque poste de travail d'un bol d'eau qui fut rapidement supprimé parce que de la peinture se trouvait ainsi gâchée.

Un peu plus tard, sa cousine Irene fut prise d'un mal de dents qui se transforma en infection de toute la mâchoire. Les dentistes parlèrent de « nécrose buccale » – laquelle en tout cas se révéla fatale. Une enquête fut menée par le Labor Department de l'État du New Jersey qui conclut que la mort d'Irene était liée au radium et recommanda que les ouvrières soient prévenues du danger encouru. Rien ne fut fait.

Les plaintes commençant à se multiplier, une fonctionnaire des services de santé du New Jersey prit contact avec la Ligue des consommateurs. Dans les premières décennies du XX^e^ siècle, cet organisme-phare du libéralisme corporatif était intervenu à plusieurs reprises dans des problèmes de santé industrielle. Il avait établi des liens avec l'Association américaine pour le droit du travail (AALL) dont le mot d'ordre était « la justice sociale est la meilleure garantie contre les désordres sociaux ».

Ce n'est qu'en 1935 que les maladies et les morts des ouvrières utilisant la peinture au radium furent qualifiées de « professionnelles » à la suite d'un long et tumultueux procès intenté par cinq ouvrières soutenues par des organisations diverses. Bien que le dédommagement obtenu ne soit (au total) que de 10000 dollars, la décision du tribunal fit jurisprudence établissant le droit pour les travailleurs de se retourner contre leurs employeurs. Entre-temps des ouvrières d'Orange étaient mortes, dont Katherine Schaub.

Extrait et adapté de Claudia Clark, *Radium Girls. Women and Industrial Health Reform 1910-1935,* The University of North Carolina Press, 1997

# « Aux Grands Hommes, la patrie reconnaissante »

*Le 20 avril 1995, sous une pluie battante, les cendres de Pierre et Marie Curie sont transférées au Panthéon. La cérémonie est présidée par François Mitterrand, alors président de la République, et son homologue polonais, Lech Walesa. Les cercueils, portés par des étudiants de l'université Pierre-et-Marie-Curie (Paris VI) au rythme de la Suite en ré majeur n° 3 de Bach, remontent d'abord lentement la rue Soufflot. De part et d'autre, deux cents élèves du lycée Marie-Curie de Sceaux tiennent dans leurs bras les symboles chimiques des atomes.*

En transférant les cendres de Pierre et de Marie Curie dans le sanctuaire de notre mémoire collective, la France n'accomplit pas seulement une œuvre de reconnaissance, elle affirme sa foi dans la science, dans la recherche et son respect pour celles et ceux qui y consacrent, comme naguère Pierre et Marie Curie, leurs forces et leurs vies.

La cérémonie d'aujourd'hui prend un éclat particulier puisque entre au Panthéon la première femme de notre histoire honorée pour ses propres mérites.

Madame [Ève Curie], à quelques pas d'ici, dans cette rue qui porte désormais le nom de vos parents, s'élèvent les deux pavillons de l'Institut du radium où s'acheva le destin de votre mère. Dans le modeste jardin qui les sépare, elle y planta un rosier qui continue de porter ses fleurs. À une faible distance de là était l'humble hangar de la rue Vauquelin où fut isolé le radium. Entre ces deux lieux et le Panthéon, si proches les uns des autres, que de chemin parcouru, que d'épreuves et que de gloire.

Comme vous le savez, Monsieur le Président de la République de Pologne, le combat de Marie Curie a commencé dans votre pays. On ne comprendrait pas la volonté de toute une vie, tant d'obstacles surmontés, sans faire référence à cette terre si proche de la nôtre par l'Histoire et par le cœur, si déchirée de tout temps entre des puissances qui voulaient l'asservir, où le caractère se trempe dans la tradition millénaire d'une inébranlable résistance.

[...] Telle est bien la beauté et la noblesse de la science : désir sans fin de repousser les frontières du savoir, de traquer les secrets de la matière et de la vie sans idée préconçue des conséquences éventuelles. Pasteur avait dicté la règle : « Encourager le désintéressement scientifique, parce qu'il est l'une des sources vives du progrès dans la théorie, d'où émane tout progrès dans l'application ».

Respectons cette règle. Il n'est pas de progrès scientifique si l'on entrave ce qui le meut, si l'on bride cette curiosité dont tout procède. Voilà pourquoi, depuis déjà tant d'années, avec beaucoup d'autres plus qualifiés que moi, nous avons tant voulu que la recherche fondamentale, l'une des plus exaltantes aventures offertes à l'humanité, soit toujours poussée plus loin et donc soutenue par les pouvoirs publics. Oui, le maintien d'une grande Nation comme la France à son rang dépend des moyens qu'elle consacre à la recherche sous toutes ses formes et je considère comme un grand honneur la tâche remplie avec les quelques hommes et femmes qui ont été chargés pendant toutes ces années de tenir ce flambeau. Mais la question se pose aussitôt : faut-il craindre l'aventure scientifique, faut-il craindre la liberté qui la nourrit ? Qui mieux que les Curie illustre la gravité de cette question, eux qui découvrirent avec leurs compagnons les feux de la matière, eux qui en décelèrent les pouvoirs de vie et les pouvoirs de mort ? [...]

Avant de terminer, je me retournerai vers vous, Madame, leur fille, vers les autres membres de votre famille ici présents qui ont réuni tant de talents scientifiques, tant de génies reconnus dans le monde. Vous êtes là quelques-uns venus à la suite de Pierre et de Marie et d'Irène et de son époux et les Langevin et toutes ces familles alliées par les hasards de la vie mais surtout par les rigueurs de la science, vous êtes là, du moins vous représentez les vôtres et je vous salue et je vous remercie de porter ces grands noms qui donnent à la France une part de sa grandeur.

Le combat de la science est celui de la raison contre les forces de l'obscurantisme, c'est le combat de la liberté de l'esprit contre l'esclavage de l'ignorance. Oui, liberté, même si parfois les découvertes de la science peuvent être dévoyées afin de ruiner la vie. C'est accroître la liberté que d'apaiser la souffrance ; c'est accroître la liberté que de réduire les dépendances matérielles et spirituelles qui entravent la capacité de l'homme de choisir son destin. Donc je vous remercie au nom de la Nation, comme nous remercions Pierre et Marie Curie. J'attendais depuis longtemps ce jour, ayant eu l'occasion d'ajouter quelques cendres illustres au Panthéon de nos gloires. Je me serais senti comme en dette à l'égard du pays si je n'avais pu, avant de quitter moi-même mes responsabilités, y ajouter les noms de Pierre et de Marie Curie qui symbolisent dans la mémoire des peuples la beauté de chercher jusqu'au sacrifice de soi. À travers ces deux noms qui unissent deux peuples amis, la République rend à tous les serviteurs de la science dont beaucoup sont ici, l'hommage qui leur est dû. Car ils témoignent d'une des plus haute faculté de l'homme, la soif de connaître et le désir de créer.

Au nom du pays tout entier qui m'entend, je remercie la mémoire de Pierre et Marie Curie et je remercie la tradition maintenue parmi les leurs, parmi leurs disciples, parmi tous ceux qui s'intéressent aux chances de l'homme.

François Mitterrand,
extrait du discours du 20 avril 1995

## BIBLIOGRAPHIE


**Ouvrages écrits par les Curie**

*(ne figurent ici que des textes d'accès aisé)*

– Curie, Marie, *Traité de radioactivité*, 2 vol. Paris, Gauthier-Villars, 1910

– Curie, Marie, *La Radiologie et la guerre*, Paris, Librairie Félix Alcan, 1921.

– Curie, Marie, *L'Isotopie et les éléments isotopes*, Paris, Librairie scientifique Albert Blanchard, 1924.

– Curie, Marie, *Leçons recueillies par Isabelle Chavannes en 1907. Physique élémentaire pour les enfants de nos amis*, Les Ullis, EDP Sciences, 2003.

– Curie, Marie, et Curie, Pierre, (1re éd.,1923) suivi de Joliot-Curie, Irène, *Étude sur les carnets de laboratoire de la découverte du polonium et du radium* (1re éd., 1955), Paris, Odile Jacob, 1996.

– Curie, Pierre, *Œuvres complètes*, Paris, Édition des Archives contemporaines, 1995 (1re éd., 1908). *Signalé ici pour les textes sur la symétrie.*

– Joliot-Curie, Irène, « Marie Curie, ma mère », Paris, *Europe*, n° 108, 1954, pp. 89-121.

**Biographies et études diverses**

– Barbo, Loïc, *Pierre Curie 1859-1906, le rêve scientifique*, Paris, Belin, 1999.

– Basdevant, Jean-Louis, et Becquerel, Henri, *À l'aube du XXe siècle*, Palaiseau, Éditions de l'École polytechnique, 1996.

– Bensaude-Vincent, Bernadette, « Naissance et développement de la pratique thérapeutique du radium en France, 1902-1914 », thèse, université Paris-VII Denis-Diderot, 1999.

– Bordry, Monique, et Boudia, Soraya (dir.), *Les rayons de la vie, une histoire des applications médicales des rayons X et de la radioactivité en France*, Paris, Institut Curie, 1998.

– Boudia, Soraya, *Marie Curie et son laboratoire, Sciences et industrie de la radioactivité en France*, Paris, Éd.des Archives contemporaines, 2001.

– Camilleri, Jean-Pierre, et Coursaget, Jean, *Pionniers de la radiothérapie*, Les Ullis, EDP Sciences, 2005.

– Cotton, Eugénie, *Les Curie*, Paris, Seghers, 1963.

– Curie, Ève, *Madame Curie*, Paris, Gallimard, 1938 ; « Folio », 1981. *Première biographie de Marie Curie contenant des documents inédits à l'époque de sa parution, cet ouvrage reste un grand classique, ne serait-ce que par la qualité de son écriture et la sincérité des sentiments qui s'y expriment : Ève ne cache pas qu'il n'était pas facile d'être la fille de Marie Curie.*

– Giroud, Françoise, *Une femme honorable*, Paris, Le Livre de poche, 1981.

– Goldsmith, Barbara, *Marie Curie : portrait intime d'une femme d'exception*, trad. de l'anglais (États-Unis) par Évelyne et Alain Bouquet, Paris, Dunod, 2006.

– Hurwic, Anna, *Pierre Curie*, Paris, Flammarion, 1995.

– Laguës, Michel, « L'expérience reproduite : comment faire revivre la première mesure de radioactivité », Paris, *Bulletin de l'Union des physiciens*, n° 869, décembre 2004, pp. 1677-1703. *Réplique de l'expérience originale de Pierre et Marie Curie.*

– Lehembre, Bernard, *Marie et Pierre Curie. Unis dans la science*, Paris, Acropole, 1999.

– Petit, Xavier-Laurent, *Marie Curie*, Paris, École des Loisirs, 2005. *Biographie romancée pour adolescents.*

– Pflaum, Rosalynd, *Marie Curie et sa fille Irène. Deux femmes, trois Nobel*, trad. de l'anglais (États-Unis) par Francine de Martinoir, Paris, Belfond, 1992.

– Pinault, Michel, *Frédéric Joliot-Curie*, Paris, Odile Jacob, 2000.

– Quinn, Susan, *Marie Curie*, trad. de l'anglais (Etats-Unis) par Laurent Mulheisen, Paris, Odile Jacob, 1996.

– Radvany, Pierre, *Les Curie pionniers de l'atome*, Paris, Belin, 2005.

– Reid, Robert, *Marie Curie, derrière la légende*, Paris, Le Seuil, « Points Sciences », 1979.

– Schubnel, Henri-Jean, « Histoire naturelle de la radioactivité », *Gemmologie*, hors série, juin 1996.

– Ziegeler, Gilberte (ed.), *Correspondance Marie et Irène Curie. Choix de lettres, 1905-1934*, Paris, Editeurs français réunis, 1974.

**Fiction**

– Enquist, Per-Olov, *Blanche et Marie*, Arles, Actes Sud, 2005.

– Fenwick, Jean-Noël, *Les Palmes de Monsieur Schutz*, Archipel, 1990.

**Textes disponibles seulement en anglais**

– Badash, Lawrence, *« The Discovery of Radioactivity »*, *Physics Today*, vol. 49, n° 2, 1996, pp. 21-26.

– Clark, Claudia, *Radium Girls: Women and Industrial Health Reform, 1910-1935*, The University of North Carolina Press, 1997.

– Curie, Marie, *Pierre Curie, with the autobiographical notes of Marie Curie*, New York, Dover Publications ; Londres, Constable, 1963 (1re publication, Payot, 1923). *Les notes autobiographiques n'ont été publiées qu'en anglais.*

– Pasachoff, Naomi, *Marie Curie and the Science of Radioactivity*, Oxford University Press, 1997.

**Numéros spéciaux de revues**

– *Pour la Science*, « Noyaux atomiques et radioactivité », hors série, octobre 1996 ; collection « Les génies de la science », « Les Curie. Deux couples radioactifs », nº 9, novembre 2001-février 2002.

– Les cahiers de *Science et Vie*, « Marie Curie », hors série, nº 24, décembre 1994 ; « Les Curie : au-delà du mythe », nº 51, juin 1999.

## FICTIONS ET FILMS DOCUMENTAIRES

– *Les Palmes de Monsieur Schutz*, film de Claude Pinoteau, 1996.

– *Une Femme honorable,* film de Michel Boisrond, 1990.

– *L'Expérience retrouvée* (1998, 28 min), réalisation Anne Raynal et Richard Millet, production Institut Curie et CNRS Audiovisuel. *Comment remettre en fonctionnement l'expérience des Curie à l'aide du matériel et des archives du Musée Curie.*

– *Allô la Terre : la radioactivité* (1996, 60 min). réalisation François Tisseyre, production CNRS Audiovisuel, La Cinquième, Les Films d'Ici, Écoutez Voir et Cité des Sciences et de l'Industrie. *Ce documentaire présente les modalités d'utilisation des rayonnements dans le traitement des cancers, en diagnostic, en biologie végétale (enrichissement isotopique des végétaux) et dans l'agroalimentaire (ionisation des aliments).*

## SITES INTERNET

http://www.espci.fr/esp/culture
http://mariecurie.science.gouv.fr
http://www.aip.org/history/curie/

## MUSÉE CURIE

Le musée Curie est situé dans la partie la plus ancienne de l'Institut Curie: le Pavillon Curie de l'Institut du Radiumr, au 11, rue Pierre et Marie Curie, bien sûr…. Entre 1911 et 1914, l'Université de Paris et l'Institut Pasteur s'associèrent pour construire ce laboratoire pour Marie Curie, qui y a poursuivi ses travaux jusqu'à sa mort en 1934. Sa fille et son gendre, Irène et Frédéric Joliot-Curie, y ont obtenu en 1935 le prix Nobel de chimie pour la découverte de la radioactivité artificielle.

Le musée Curie est à la fois un lieu de mémoire et un musée d'histoire des sciences. Le bureau et le laboratoire personnel de chimie de Marie Curie ont été préservés, et permettent au visiteur de plonger soixante-dix ans en arrière. Autour de ces lieux de mémoire, l'espace de visite retrace l'histoire de la radioactivité et de ses applications, notamment en médecine, dans laquelle les vies et les travaux de Pierre et de Marie Curie et d'Irène et de Frédéric Joliot-Curie tiennent une place centrale.

Le musée accueille également un centre de ressources historiques regroupant archives, documentation et photothèque sur l'histoire des Curie et des Joliot-Curie, de l'Institut Curie (archives de l'Institut du Radium et de la Fondation Curie) et plus largement sur l'histoire de la radioactivité et de la cancérologie.

**Musée Curie**
11, rue Pierre et Marie Curie, 75005 Paris
Tél./Fax : 01 42 34 67 49
http://www.curie.fr/fondation/musee

## TABLE DES ILLUSTRATIONS

### COUVERTURE



### OUVERTURE



### CHAPITRE 1



### CHAPITRE 2

## CHAPITRE 3

**70m** Page de titre de *La Radiologie dans la guerre*, ouvrage de Marie Curie, 1922. Musée Curie.
**70-71** Le laboratoire de Marie Curie à l'hôpital Édith-Cavell, photo, 1917. ACJC.
**72** Marie et Irène avec leurs appareils de radiographie à l'hôpital de Hoogstade (Belgique) en 1915, photo. ACJC.
**72-73** Les « Petites Curie » (voitures radiologiques) de retour du front dans la cour des Invalides en 1916, photo. ACJC.
**74** Installation de radiothérapie dans le pavillon Pasteur de l'Institut du radium, photo, 1920.
**75h** Bombe au radium installée à Stockholm en 1922, photo. ACJC.
**75b** Appareil moulé pour la curiethérapie d'une tumeur endocrinienne utilisée dans les années 1920-1930, photo. ACJC.
**76-77** Couloir du nouveau dispensaire de radiothérapie du pavillon Pasteur de l'Institut du radium, photo, vers 1930. ACJC.
**78-79** Irène et Frédéric Joliot-Curie dans le laboratoire de l'Institut du radium, photo, 1934. ACJC.
**80** Marie Curie avec le président Hoover qui vient de lui remettre le chèque pour acheter un gramme de radium pour l'Institut de Varsovie, photo, 1929. ACJC.
**81h** Arrivée de Marie Curie à New York en 1921, photo. ACJC.
**81b** Marie Curie accompagnée de ses filles Ève et Irène et de Mary Melloney pendant son voyage aux États-Unis de 1921, photo.
**82** Marie Curie assise à côté d'Irène devant ses collaborateurs Joliot, Holweck, Laporte et Debierne, photo, 1928. ACJC.
**83h** Titre de presse annonçant la mort de Marie Curie, juillet 1934. Musée Curie.
**83m** Marie Curie à Madrid en 1931, photo. ACJC.
**83b** Titre de presse polonais annonçant la mort de Marie Curie, juillet 1934. Musée Curie.

## CHAPITRE 4

**84** Marie Curie à Birmingham en 1913, photo. ACJC.
**85** Affichage sur le fronton du Panthéon à l'occasion de la Journée de la femme de 2002, photo.
**86** Marya Sklodowska sur le balcon des Dluski à Paris en 1892, photo. ACJC.
**87** Pierre et Marie Curie devant la maison de Sceaux en 1895, photo. ACJC.
**88h** et **b** Marie Curie photographiée par des paparazzi alors qu'elle se rend à son laboratoire de la rue Cuvier, photos anonymes, *Fémina*, 1er janvier 1911.
**89** Une de *Excelsior* du 23 janvier 1911 caricaturant Marie Curie à l'époque de l'« affaire Langevin ».
**90** Portrait de Marie Curie en couverture du journal *Les Hommes du Jour* du 12 février 1910, dessin d'Aristide Delanoy.
**91** Marie Curie donnant une conférence au Conservatoire des arts et métiers en 1925, photo.
**92h** Pierre et Marie Curie dans leur laboratoire, couverture du *Petit Parisien* du 10 janvier 1904, dessin.
**92b** Pierre et Marie Curie dans leur laboratoire, dessin, vers 1904.
**93** Pierre et Marie Curie dans leur laboratoire, caricature, *Vanity Fair*, Londres, 1904. ACJC.
**95** Marie Curie et Albert Einstein sur les rives du lac de Genève en 1922, photo. ACJC.
**96** Marie Curie sur l'*Olympic* lors de son retour des États-Unis en 1930, photo. ACJC.

## TÉMOIGNAGES ET DOCUMENTS

**97** Marya Sklodowska, étudiante à Paris, dessin, vers 1891. ACJC.
**100** Pierre Curie en 1876, photo. ACJC.
**103** Marie Curie en 1903, photo. ACJC.
**104** Marie Curie et Irène en 1904, photo. ACJC.
**105** Lettre de Irène Curie à Marie. Musée Curie.
**108** Marie Curie et Jean Perrin à l'Arcouest, photo vers 1920. ACJC.
**109** Marie, Irène, Ève Curie et leurs amis lors d'une balade en barque à l'Arcouest dans les années 1920, photo. ACJC.
**111** Marie Curie et Albert Einstein à Genève, photo vers 1920. ACJC.
**113** Marie Curie inaugurant l'Institut du radium de Varsovie en 1932, photo. ACJC.
**115** Marie Curie accompagnée de Louis F. Vogt et de James C. Gray lors de la visite de l'usine de Canonsburg en 1921, photo. ACJC.
**118** Médaille commémorative pour le centenaire de la naissance de Marie Curie, 1967.
**121** Salles du musée Curie, photos. Musée Curie.
**124** Fiche cartonnée annotée par Pierre et Marie Curie (détail), 1902. Musée Curie.
**126** Marie Curie dans son laboratoire, photo début XXe siècle. ACJC.

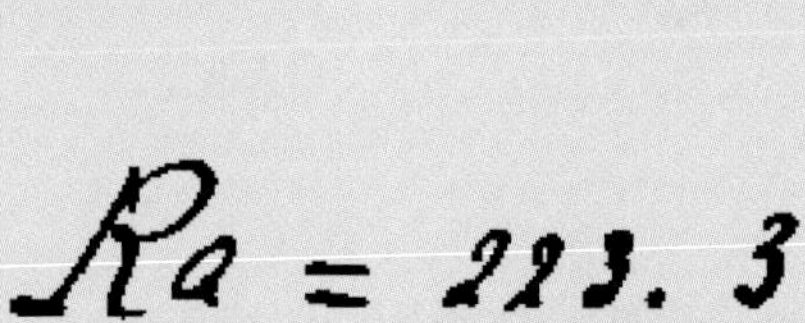

# INDEX

## CRÉDITS PHOTOGRAPHIQUES

ACJC (Archives Curie et Joliot-Curie) 1er plat, dos, 2e plat, 1, 2-3 (surimp), 4-5 (surimp), 6-7 (surimp), 8, 9, 10, 12b, 14h, 14b, 15, 16, 17, 19, 22h, 22b, 23, 24-25, 26b, 27, 28, 29, 30b, 32h, 33, 34, 34-35, 36m, 37, 38b, 39hd, 43, 44, 45, 46h, 46b 47, 48h, 50-51, 52, 55b, 56b, 57h, 59b, 61h, 62, 63hg, 66, 67, 68, 69h, 69b, 70b, 70-71, 72, 72-73, 75h, 75b, 76-77, 78-79, 80, 81h, 82, 83, 84, 86, 87, 93, 95, 97, 100, 103, 104, 105, 108, 109, 111, 113, 115, 126. AKG-images 2-3 fond, 4-5 fond, 13, 49h. Bibliothèque nationale de France, Paris, 20m. DR 40b, 41m, 42h, 50b, 53, 89. Gallimard/Catherine Hélie 128. Keystone-France 81b, 96. Kharbine-Tapabor 63hd, 63b, 90. Leemage/Costa 51, 92b. Leemage/Heritage images 21, 54. Leemage/HP 30. Leemage/MP 31. Leemage/Selva 32-33, 36h, 42b, 92h. Mary Evans Picture Library 88. Musée Curie 38h, 48-49, 56m, 57b, 58b, 70m, 83h, 83b, 121detg, 124. Musée Curie, Varsovie 12h, 20h. Photo12.com/ARJ 85. Roger-Viollet 6-7 fond, 11, 24b, 64h. Roger-Viollet/Jacques Boyer 55h, 58-59, 60-61, 64b, 65, 74,87, 91. Roger-Viollet/Albert Harlingue 26, 40h. Roger-Viollet-Ullstein 26m, 39g. Roger-Viollet/ Topfoto 41h. Ullstein bild/KPA/HIP/Oxford Science Archive 118.

## REMERCIEMENTS

Les Éditions Gallimard remercient Hélène Joliot-Langevin. L'iconographie de cet ouvrage doit beaucoup aux fonds exceptionnels du musée Curie à Paris. L'éditeur adresse de vifs remerciements à Alain Bouquet, son directeur, à Lenka Brochard, responsable de la photothèque historique ainsi qu'à Nathalie Huchette, responsable des archives et de la documentation historique.

## ÉDITION ET FABRICATION

**DÉCOUVERTES GALLIMARD**
COLLECTION CONÇUE PAR Pierre Marchand.
DIRECTION Elisabeth de Farcy.
COORDINATION ÉDITORIALE Anne Lemaire.
GRAPHISME Alain Gouessant.
COORDINATION ICONOGRAPHIQUE Isabelle de Latour.
SUIVI DE PRODUCTION Fabienne Brifault.
SUIVI DE PARTENARIAT Madeleine Giai-Levra.
RESPONSABLE COMMUNICATION ET PRESSE Valérie Tolstoï.
PRESSE David Ducreux et Alain Deroudilhe.

**MARIE CURIE, FEMME SAVANTE OU SAINTE VIERGE DE LA SCIENCE ?**
ÉDITION Isabelle de Coulibœuf.
ICONOGRAPHIE Moïna Macé-Blamont.
MAQUETTE Pascale Comte.
LECTURE-CORRECTION Jean-Paul Harris et Pierre Granet.
PHOTOGRAVURE PPDL.

Françoise Balibar a enseigné la physique à l'université Denis Diderot-Paris VII. Elle a dirigé l'équipe du CNRS chargée de la publication, de la traduction et de l'annotation de cinq volumes des *Œuvres choisies* d'Albert Einstein (1985-1995).



*Dépôt légal : novembre 2006*
*Numéro d'édition : 74981*
*ISBN : 2-07-053359-X*
*Imprimé en France par Pollina - L41238*

# INDEX

Henri Manuel

## CRÉDITS PHOTOGRAPHIQUES

ACJC (Archives Curie et Joliot-Curie) 1er plat, dos, 2e plat, 1, 2-3 (surimp), 4-5 (surimp), 6-7 (surimp), 8, 9, 10, 12b, 14h, 14b, 15, 16, 17, 19, 22h, 22b, 23, 24-25, 26b, 27, 28, 29, 30b, 32h, 33, 34, 34-35, 36m, 37, 38b, 39hd, 43, 44, 45, 46h, 46b 47, 48h, 50-51, 52, 55b, 56b, 57h, 59b, 61h, 62, 63hg, 66, 67, 68, 69h, 69b, 70b, 70-71, 72, 72-73, 75h, 75b, 76-77, 78-79, 80, 81h, 82, 83, 84, 86, 87, 93, 95, 97, 100, 103, 104, 105, 108, 109, 111, 113, 115, 126. AKG-images 2-3 fond, 4-5 fond, 13, 49h. Bibliothèque nationale de France, Paris, 20m. DR 40b, 41m, 42h, 50b, 53, 89. Gallimard/Catherine Hélie 128. Keystone-France 81b, 96. Kharbine-Tapabor 63hd, 63b, 90. Leemage/Costa 51, 92b. Leemage/Heritage images 21, 54. Leemage/HP 30. Leemage/MP 31. Leemage/Selva 32-33, 36h, 42b, 92h. Mary Evans Picture Library 88. Musée Curie 38h, 48-49, 56m, 57b, 58b, 70m, 83h, 83b, 121detg, 124. Musée Curie, Varsovie 12h, 20h. Photo12.com/ARJ 85. Roger-Viollet 6-7 fond, 11, 24b, 64h. Roger-Viollet/Jacques Boyer 55h, 58-59, 60-61, 64b, 65, 74,87, 91. Roger-Viollet/Albert Harlingue 26, 40h. Roger-Viollet-Ullstein 26m, 39g. Roger-Viollet/ Topfoto 41h. Ullstein bild/KPA/HIP/Oxford Science Archive 118.

## REMERCIEMENTS

Les Éditions Gallimard remercient Hélène Joliot-Langevin. L'iconographie de cet ouvrage doit beaucoup aux fonds exceptionnels du musée Curie à Paris. L'éditeur adresse de vifs remerciements à Alain Bouquet, son directeur, à Lenka Brochard, responsable de la photothèque historique ainsi qu'à Nathalie Huchette, responsable des archives et de la documentation historique.

## ÉDITION ET FABRICATION

**DÉCOUVERTES GALLIMARD**
COLLECTION CONÇUE PAR Pierre Marchand.
DIRECTION Elisabeth de Farcy.
COORDINATION ÉDITORIALE Anne Lemaire.
GRAPHISME Alain Gouessant.
COORDINATION ICONOGRAPHIQUE Isabelle de Latour.
SUIVI DE PRODUCTION Fabienne Brifault.
SUIVI DE PARTENARIAT Madeleine Giai-Levra.
RESPONSABLE COMMUNICATION ET PRESSE Valérie Tolstoï.
PRESSE David Ducreux et Alain Deroudilhe.

**MARIE CURIE, FEMME SAVANTE OU SAINTE VIERGE DE LA SCIENCE ?**
ÉDITION Isabelle de Coulibœuf.
ICONOGRAPHIE Moïna Macé-Blamont.
MAQUETTE Pascale Comte.
LECTURE-CORRECTION Jean-Paul Harris et Pierre Granet.
PHOTOGRAVURE PPDL.

Françoise Balibar a enseigné la physique à l'université Denis Diderot-Paris VII. Elle a dirigé l'équipe du CNRS chargée de la publication, de la traduction et de l'annotation de cinq volumes des *Œuvres choisies* d'Albert Einstein (1985-1995).



*Dépôt légal : novembre 2006*
*Numéro d'édition : 74981*
*ISBN : 2-07-053359-X*
*Imprimé en France par Pollina - L41238*